新工科人才培养系列教材

U0317031

电气 CAD 技术

单鸿涛　任丽佳　杨海马◎主　编

李志伟　章文俊　刘　瑾◎副主编

陈　蓓　刘海珊

宋万清◎主　审

中国铁道出版社有限公司

CHINA RAILWAY PUBLISHING HOUSE CO., LTD.

内 容 简 介

本书以 AutoCAD 2016 为平台，介绍了其各种二维、三维绘图和绘图相关的功能，除了较全面地介绍 AutoCAD 2016 的各种指令外，还根据电气图的分类和特点，讲述电气识图和制图规范等，并提供了电气绘图的典型案例以及相应的实训内容。

本书实用性好、可操作性强，能够帮助读者快速掌握 AutoCAD 2016 设计电气专业的各类图纸绘制，适合作为高等学校"电气工程及其自动化"以及其他相关专业的教材，也可以作为从事电气 CAD 技术工作的专业人员的培训用书或学习参考书。

图书在版编目（CIP）数据

电气 CAD 技术/单鸿涛，任丽佳，杨海马主编. —北京：中国铁道出版社有限公司，2024. 9
新工科人才培养系列教材
ISBN 978-7-113-26433-8

Ⅰ.①电… Ⅱ.①单… ②任… ③杨… Ⅲ.①电气设备-计算机辅助设计-AutoCAD 软件-高等学校-教材 Ⅳ.①TM02-39

中国版本图书馆 CIP 数据核字（2019）第 254576 号

书　　名：电气 CAD 技术
作　　者：单鸿涛　任丽佳　杨海马

策　　划：曹莉群　　　　　　　　　　编辑部电话：(010) 63549508
责任编辑：陆慧萍
封面设计：宿　萌
封面制作：刘　颖
责任校对：安海燕
责任印制：赵星辰

出版发行：中国铁道出版社有限公司 （100054，北京市西城区右安门西街 8 号）
网　　址：https://www.tdpress.com/51eds
印　　刷：天津嘉恒印务有限公司
版　　次：2024 年 9 月第 1 版　2024 年 9 月第 1 次印刷
开　　本：787 mm×1 092 mm　1/16　印张：15.75　字数：361 千
书　　号：ISBN 978-7-113-26433-8
定　　价：45.00 元

编者的话

当前世界范围内新一轮的科技革命和产业变革及新经济的蓬勃兴起对我国工程教育改革和发展提出了新的要求。为了适应和满足时代发展对人才培养的需要，教育部提出要面向未来布局新工科专业。在新工科工程教育改革过程中，上海工程技术大学作为一所现代化工程应用型特色大学，主要在以下几方面进行了探索。

（一） 响应新经济发展， 更新人才培养要求

新经济蓬勃发展，迫切需要新型工程技术人才。只有进行以通识教育为基础的专业教育，才能培养出具有可持续发展能力的"专、兼"人才。学校人才培养面临科技教育优势向现实生产力转化、结构转型与技术升级加速、就业结构性矛盾倒逼、国际化人才竞争压力传递等挑战。同时，学科专业内涵变化也由学科间简单交叉经学科融合演变为学科跨界解决工程问题。例如：学校将电类专业与轨道专业结合，解决城市轨道交通产业问题；与机械专业结合，解决智能制造工程问题等。

（二） 新业态下工科呈现新特征

新特征主要体现为"错综"性、"协同"性、"人本"性。"错综"性即知识结构交错伸展，能以适度的"杂"去适应适度的"变"。"协同"性即以应用知识为主，因产业而生、随产业而兴。将学校定位为：立足学科群、专业群对接产业链。"人本"性即学习欲望和能动性因兴趣和市场而变。以通识教育为基础的专业教育，依学科专业特点，把所有专业按照 7 个专业群分类，搭建公共基础课程和大部分学科基础课程贯通的平台，使专业适当交叉。

（三） 新工科专业建设探索实践

以基于"互联网＋大数据"的轨道交通安全监测预警系统平台为例，该平台以跨学科和专业的项目为依托，主要解决城铁桥梁状态监测系统、地铁车厢温度监测系统、转向架振动监测系统三部分内容，现已成功应用于上海城铁部分线路的桥梁。该平台的实施建设，为本科、研究生学生提供了良好的科研创新平台，在平台搭建 2 年多的时间里，已成功申报并获批大学生校级创新项目 20 项、市级项目 8 项、国家级项目 2 项、研究生创新项目 6 项。

同时，学校根据新工科建设对课程教学提出的新要求，将创新思维、创新能力培养作为课程教学的基本要求，组织编写了一套以培养创新能力为核心的新工科人才培养系列教材。本系列教材包括《汽车主动安全控制技术》《电力工程基础》《电气 CAD 技术》等。

本系列教材内容反映智能技术应用，侧重行业需求，体现现代工程教育的特点；编写时以新应用场景案例体现传统工科专业的新需求；选择来源于具体的工程实践的问题设置情境，以问题引导学生分析、探究问题的各种解决方案，锻炼计算思维、工程思维能力，立足培养一线工程应用型人才。

编　者

2024 年 6 月

前　言

随着计算机技术的发展，计算机辅助设计已成为工程设计人员的必备技能之一。本书按照应用型本科建设的要求，采用当今较为流行的 AutoCAD 2016 软件平台，叙述了电气 CAD 辅助设计和绘图的技能方法，结合作者多年来教学与科研经验，内容组织循序渐进、层次清晰，既讲解了 AutoCAD 2016 制图的基本指令，又介绍了电气工程设计制图的相关知识，并根据电气图的分类及其特点，讲述电气识图和制图规范等内容，具有实用性好、可操作性强等特点。

全书共 11 章，包括 AutoCAD 2016 基础入门，二维绘图，二维图形的编辑，辅助绘图工具，面域、填充和图块，图层设置与应用，文字、表格与尺寸标注，三维建模功能，电气工程绘图规则和识图规则，电气工程图的绘制，打印和发布图形等。

本书适合作为高等学校"电气工程及其自动化"以及其他相关专业的教材，也可作为从事电气 CAD 技术工作的专业人员的培训用书或学习参考书。

本书由单鸿涛、任丽佳、杨海马任主编，李志伟、章文俊、刘瑾、陈蓓、刘海珊任副主编。全书由宋万清主审。

由于编者水平有限，加之编写时间仓促，书中的不妥和疏漏之处在所难免，恳请专家和读者批评指正，以便我们不断修正。

编　者
2024 年 6 月

目·录

第1章
AutoCAD 2016基础入门

AutoCAD 是目前世界上应用最为广泛的计算机绘图设计软件之一，市场占有率位居世界前列。目前已经在航空航天、船舶、建筑、机械、电子、化工、纺织等诸多领域得到广泛应用，同传统的手工绘图相比，AutoCAD 绘图速度更快、精度更高，而且便于个性创作和设计。

1.1 AutoCAD 软件简介

美国 Autodesk（欧特克）公司自 1982 年推出 AutoCAD 软件至今，不断升级更新版本，软件的功能和性能不断得到完善，不仅可以用于二维绘图、精细编辑、设计文档，还可以进行三维建模、设计和渲染等。

1.1.1 AutoCAD 软件的特点

①具有简洁方便的图形绘制功能，提供丰富的图形元素，如直线、圆、文字、多段线等，用来构成复杂图形。

②具有强大的图形编辑功能，提供多种编辑方式，如通过移动、镜像、旋转、修剪等命令来修改、编辑图形。

③可以采用多种方式进行二次开发或用户定制，如天正电气就是基于 AutoCAD 平台开发的一种专用软件。

④可以进行多种图形格式的转换，具有较强的数据交换能力。

⑤支持多种硬件设备。

⑥支持多种操作平台。

⑦具有通用性、易用性，适用于各类用户。

随着计算机硬件性能和软件功能的不断提高，AutoCAD 软件逐渐完善，更加科学化，深受广大工程技术人员的欢迎。

1.1.2　AutoCAD 软件的发展

AutoCAD 最初是为微机上应用 CAD 技术而开发的绘图程序软件包。从 AutoCAD 2000 开始增添了许多强大的功能，如 AutoCAD 设计中心（ADC）、多文档设计环境（MDE）、Internet驱动、新的对象捕捉功能、增强的标注功能以及局部打开和局部加载的功能。2007 年又增加了三维功能，主要表现为增加了"三维空间"这一模型空间设置；之后各个版本的三维功能逐渐增加到趋于成熟。本书以 AutoCAD 2016 版本为依据，同时兼顾旧版本用户的使用习惯，介绍 AutoCAD 软件的功能和特点，希望给不同的使用者提供参考。

1.2　AutoCAD 2016 的安装与启动

在开始学习 AutoCAD 之前，需要在自己的计算机中正确安装 AutoCAD 软件。作为一个大型的辅助设计软件，AutoCAD 对硬件配置和系统环境有一定的要求。本节介绍该软件的安装和启动方法。

1.2.1　AutoCAD 2016 的安装

AutoCAD 2016 在各种操作系统下的安装过程基本一致，其大致的安装过程如下：

①先确认计算机中的文件夹是否有足够的磁盘空间（约 5 GB），用于解压 AutoCAD 2016 的安装文件。

②将自解压的可执行文件下载到计算机上的文件夹中。双击 Setup 文件，运行安装程序。

③安装程序首先检测计算机的配置是否符合安装要求，如图 1-1 所示。

④在弹出的 AutoCAD 2016 安装向导对话框中单击"安装"按钮，如图 1-2 所示。

⑤安装程序弹出"许可协议"对话框，选择"我接受"单选按钮，然后单击"下一步"按钮，如图 1-3 所示。

⑥安装程序弹出"配置安装"对话框，提示用户选择安装路径，单击"浏览"按钮可指定所需的安装路径，然后单击"安装"按钮开始安装，如图 1-4 所示。

⑦安装完毕，弹出"安装完成"对话框，单击"完成"按钮完成安装。

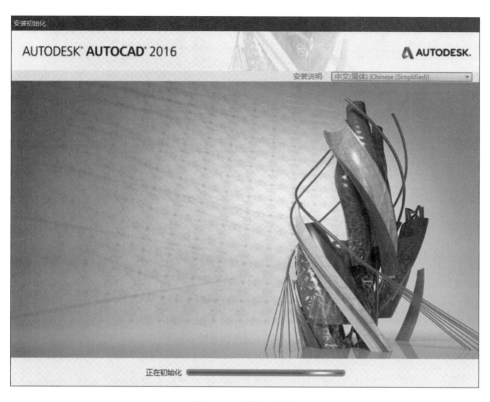

图 1-1　安装初始化

图 1-2　安装向导对话框

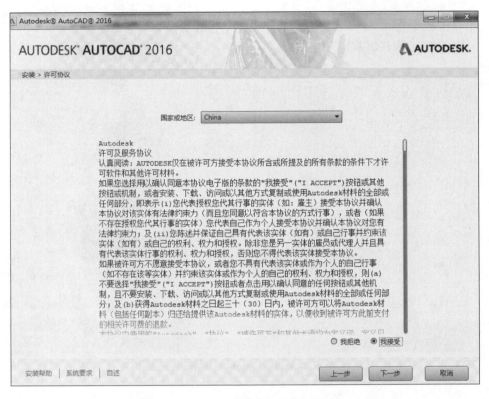

图 1-3　安装许可协议

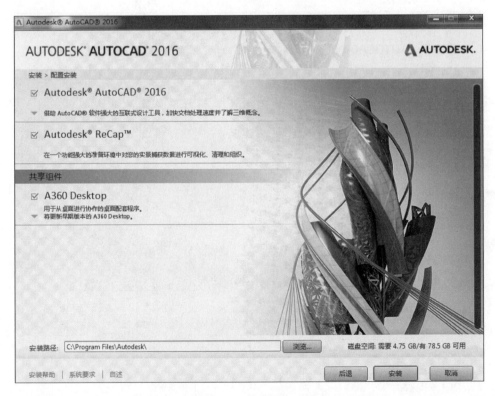

图 1-4　选择安装路径

1.2.2　AutoCAD 2016 的启动与退出

要使用 AutoCAD 进行绘图，首先必须启动该软件。在完成绘制之后，应保存文件并退出该软件，以节省系统资源。

1. 启动 AutoCAD

AutoCAD 2016 在正确安装之后，会在"开始"菜单和桌面上创建相应的菜单项和快捷方式，通过这些菜单项和快捷方式即可启动该软件。

启动 AutoCAD 2016 的方法有以下几种：

◇　"开始"菜单：单击"开始"菜单，在菜单中选择"所有程序/Autodesk/AutoCAD 2016 简体中文（Simplified Chinese)/AutoCAD 2016-简体中文（Simplified Chinese）"选项。

◇　桌面：双击桌面上的快捷图标▲。

2. 退出 AutoCAD

退出 AutoCAD 的方法有以下几种：

◇　命令行：输入 QUIT/EXIT 命令，按【Enter】键。

◇　标题栏：单击标题栏上的"关闭"按钮 ▭⊠。

◇　菜单栏："文件"→"退出"。

◇　快捷键：【Alt + F4】或【Ctrl + Q】。

◇　应用程序：在应用程序▲的下拉菜单中选择"关闭"选项 ▢关闭。

> ⊚ 注意：
>
> 　　若在退出AutoCAD 2016之前没有保存当前绘图文件，系统会弹出提示对话框（见图1-5），提示使用者在退出软件之前是否保存当前绘图文件。单击"是"按钮，可以进行文件的保存；单击"否"按钮，对之前的操作不进行保存直接退出；单击"取消"按钮，将返回操作界面，不执行退出软件的操作。

图 1-5　系统提示对话框

 ## 1.3　操作界面简介

AutoCAD 的操作界面是其显示、编辑图形的区域。启动 AutoCAD 2016 后，单击左上角工具条上右侧三角符号，在弹出的下拉菜单中选中"显示菜单栏"命令，其用户界面主要由快速访问工具栏、功能区、绘图区、命令行窗口和状态栏等部分组成。

"草图与注释"工作空间是 AutoCAD 2016 的默认工作空间，一个完整的草图与注释工作界面包括标题栏、绘图区、坐标系图标、菜单栏、功能区、命令行窗口、布局标签、状态栏、快速访问工具栏、滚动条和十字光标等，如图 1-6 所示。

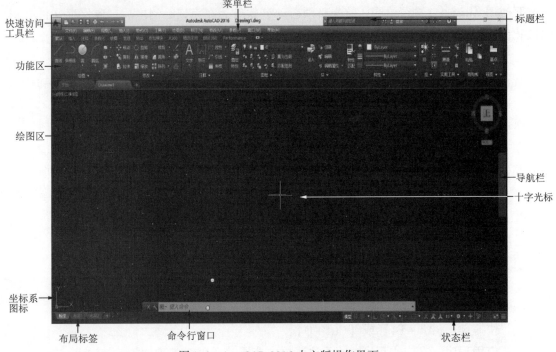

图 1-6 AutoCAD 2016 中文版操作界面

要切换工作空间，只需在状态栏中单击"切换工作空间"按钮 ，在弹出的菜单中选择相应的命令，如图 1-7 所示。

1.3.1 标题栏

标题栏位于 AutoCAD 2016 绘图窗口的顶部，用于显示当前正在运行的 AutoCAD 应用程序名称和打开的文件名的信息。

图 1-7 工作空间切换菜单

标题栏中的"信息中心"提供了多种信息来源。在文本框中输入需要帮助的问题，然后单击"搜索"按钮，就可以获取相关的帮助；单击"Autodesk Exchange 程序"按钮，可以获取最新的软件更新、产品支持通告和其他服务的链接。

1.3.2 绘图区

绘图区是指在标题栏下方的大片空白区域，是用户绘制和编辑图形的工作区域，一幅设计图形的主要工作都是在绘图区完成的。

绘图区中有一个相当于光标的十字框，其交点主要反映在当前坐标系中的位置。在 AutoCAD 中，通常将十字框称为光标，通过光标显示当前的坐标位置。十字光标横竖线默认与 XY 坐标轴平行，有助于观察图形的相对位置。

1. 修改十字光标的大小

十字光标的默认大小是屏幕宽度的 5%，用户可根据个人喜好修改其大小。修改方法如下：

首先选择"工具"→"选项"命令（在最下面），在弹出的对话框中选择"显示"选项卡，在选项卡的右侧下方就是"十字光标大小"，左右拖动滑块选择合适的数值，或者在编辑框中直接输入数值，如图 1-8 所示。

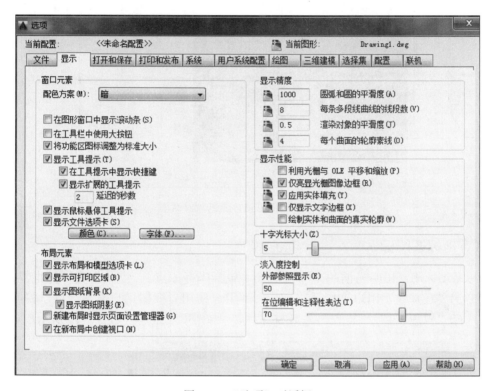

图 1-8　"选项"对话框

2. 修改绘图窗口的颜色

默认状态下，绘图窗口的背景是黑色的。用户可根据自己的习惯来修改绘图区的窗口的颜色。

修改绘图区窗口的颜色的方法如下：

①首先选择"工具"→"选项"命令，在弹出的对话框中选择"显示"选项卡，单击"窗口元素"选项区中的"颜色"按钮，打开如图 1-9 所示的"图形窗口颜色"对话框。

②单击"图形窗口颜色"对话框中的"颜色"按钮，然后在下拉列表中选择需要的颜色，最后单击"应用并关闭"按钮。这时，绘图窗口就改成了需要的颜色，通常情况选择黑色窗口。

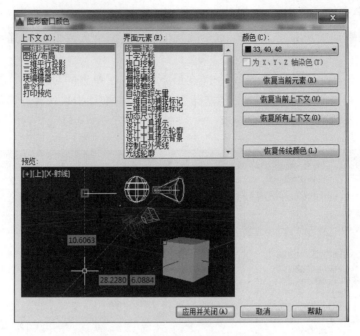

图 1-9 "图形窗口颜色"对话框

1.3.3 坐标系图标

坐标系图标用于说明当前的坐标系形式（包括坐标原点），默认情况下为世界坐标系（WCS），另外还提供了用户坐标系（UCS）供用户使用。根据用户需要，可以将其打开。方法是选择"视图"→"显示"→"USC 图标"→"开"命令，如图 1-10 所示。

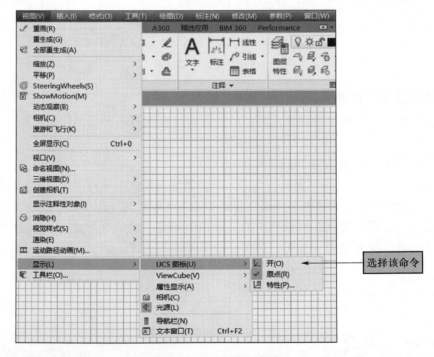

图 1-10 "视图"菜单

1.3.4　功能区

功能区位于绘图窗口的上方，由许多按任务标记的面板组成。面板中包含诸多工具和控件，与工具栏和菜单栏中的相同。默认的"草图与注释"工作空间的"功能区"共有 12 个选项卡，每个选项卡中包含若干个控制面板，每个面板中又包含许多由图标表示的命令按钮，如图 1-11 所示。

图 1-11　"功能区"界面

控制面板标题右侧的下拉三角按钮表明用户可以展开该面板以显示其全部工具和控件。默认情况下，在单击其他面板时，展开的面板会自动关闭。

1.3.5　菜单栏

如果要在当前工作空间中显示菜单栏，则在快速访问工具栏中单击右侧三角符号，在弹出的下拉菜单中选择"显示菜单栏"命令即可，如图 1-12、图 1-13 所示。默认菜单栏有"文件""编辑""视图""插入""格式""工具""绘图""标注""修改""参数""窗口"和"帮助"12 个菜单选项，如图 1-13 所示，包含了几乎所有的绘图和编辑命令。

AutoCAD 还提供了快捷菜单，光标在屏幕上不同的位置或在不同的操作过程中右击，将弹出不同的快捷菜单。

1. 带有子菜单的菜单命令

这种类型的菜单命令后面都带有子菜单。例如，选择"视图"→"视口"命令，屏幕就会显示出"视口"的子菜单中所包含的所有指令，如图 1-14 所示。

图 1-12　调出菜单栏

图 1-13　"菜单栏"界面

2. 打开对话框的菜单命令

这种类型的菜单命令后面都带有省略号。例如，选择"格式"→"线宽"命令，如图 1-15 所示，就会打开相应的"线宽设置"对话框，如图 1-16 所示。

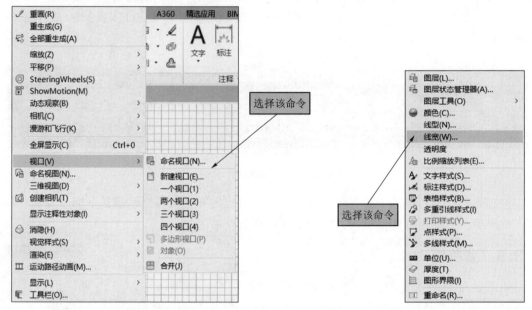

图 1-14　带有子菜单的菜单指令　　　　　图 1-15　打开相应对话框的菜单命令

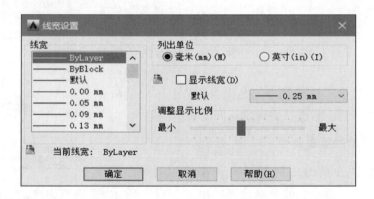

图 1-16　"线宽设置"对话框

3. 直接执行的菜单命令

这种类型的菜单命令将直接进行相应的操作。例如，选择"视图"→"重画"命令，系统将刷新所有的视口，如图 1-17 所示。

图 1-17　直接执行的菜单命令

1.3.6　命令行与文本窗口

命令行窗口位于绘图区的下方，是进行人机交互、输入命令、显示相关信息与提示的区域。默认状态下，命令行保留三行命令或提示信息，可以使用右侧滚动条查看更多命令信息或拖动窗口改变命令提示行数。

命令行窗口可以隐藏，选择"工具"→"命令行"命令，在弹出的对话框中单击"确认"按钮即可隐藏命令行，如需恢复命令行，选择"工具"→"命令行"命令即可，也可按【Ctrl +9】组合键实现。

文本窗口是记录 AutoCAD 命令的窗口，是放大的命令行，按下【F2】键即可打开文本窗口。

1.3.7　布局标签

布局标签选项卡位于绘图区的底部，可以通过单击切换布局模型，用于实现模型空间和图纸空间的切换。模型空间提供了绘图环境，图纸空间提供了图纸管理能力，为图纸的生成及布图等作业提供方便。

1.3.8　状态栏

状态栏位于命令行窗口的右下方，主要用于某些辅助绘图工具的快速访问。用户可以直接单击工具切换设置，例如夹点、捕捉、极轴追踪和对象捕捉。用户也可以通过单击某些工具的下拉箭头，来访问它们的其他设置，主要包括"模型空间""栅格""捕捉模式""正交追踪""极轴追踪""等轴测草图""对象捕捉追踪""二维对象捕捉""注释可见性""自动缩放""注释比例""切换工作空间""注释监视器""隔离对象""硬件加速""全屏显示""自定义"等工具，还有一些操作可通过"自定义"工具进行设置，如图 1-18 所示。

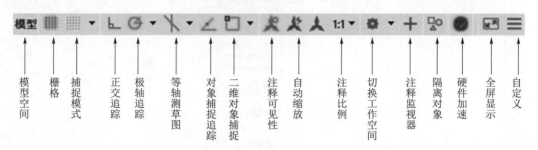

图 1-18 状态栏

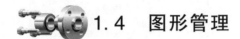 **1.4 图形管理**

本节主要介绍有关图形文件管理的基本操作，包括新建图形文件、打开图形文件、保存图形文件、加密图形文件、退出文件等，这些都是 AutoCAD 2016 最基础的知识。

1.4.1 新建图形文件

新建图形文件可以用以下方法：

◇ 快速访问工具栏：[□]。

◇ 菜单栏："文件"→"新建"。

◇ 快捷键：【Ctrl + N】。

◇ 命令行：New/Qnew。

命令执行后打开"选择样板"对话框，如图 1-19 所示。

图 1-19 "选择样板"对话框

对话框中显示了 AutoCAD 提供的各种标准的绘图可选模板，在"文件类型"下拉列表框中有三种格式的图形样板，分别是"＊.dwg""＊.dwt""＊.dws"。在通常情况下，.dwt 是标准的样板文件，通常将一些规定的标准样板文件设为 .dwt 文件。.dwg 文件是普通的绘图文件。.dws 是一种包含标准图层、标注、样式、线型和文字样式的样板文件。

1.4.2　打开图形文件

打开图形文件是将已经保存的图形文件打开以进一步操作，打开方式有以下几种：

◇　快速访问工具栏：⊵。
◇　菜单栏："文件"→"打开"。
◇　快捷键：【Ctrl + O】。
◇　命令行：Open。

命令执行后，打开"选择文件"对话框，如图 1-20 所示。在"文件类型"下拉列表框中可选"＊.dwg"文件、"＊.dwt"文件、"＊dxf"文件和"＊.dws"文件。选择预打开的文件即可。单击"打开"按钮右侧的下拉三角按钮，可以选择部分或局部打开图形文件。

图 1-20　"选择文件"对话框

1.4.3　保存图形文件

AutoCAD 文件的保存分为保存（save）、另存为（save as）和快速保存（Qsave）三种。实现方法有以下几种：

◇　快速访问工具栏：。

◇　菜单栏："文件"→"保存"／"另存为"。

◇　快捷键：【Ctrl + S】。

◇　命令行：SAVE/SAVE AS/QSAVE。

执行命令后，如果文件已经命名，则 AutoCAD 自动保存；若文件未命名，系统将保存为默认名 Drawing1. dwg；也可执行另存为命令，用户可以命名后保存。在"保存于"下拉列表中可以选择文件的保存路径，在"文件类型"下拉列表中可以选择文件保存的类型，如图 1-21 所示。

AutoCAD 还设置了自动保存，在意外断电时不会丢失大量工作文件。用户可以自定义自动保存的时间间隔，选择"工具"→"选项"命令，在弹出的对话框中选择"打开和保存"选项卡，勾选"自动保存文件"复选框，设定时间间隔即可。

用户设定时间间隔后，若系统非正常结束，AutoCAD 会在 C：＼Windows＼Temp 文件夹中保存一个扩展名为". ac$"的临时文件，用户可以把扩展名改为". dwg"后打开它。

图 1-21　"图形另存为"对话框

1.4.4　加密图形文件

AutoCAD 提供了图形文件的加密保护。选择"文件"→"保存"或"另存为"命令，在弹出的对话框中，选择"工具"→"安全选项"命令，在打开的"安全选项"对话框中的文本框中输入打开此图形文件的密码或短语即可。

1.4.5　退出文件

退出文件的方法有以下几种：

◇　菜单栏："文件"→"退出"。

◇　标题栏：。

◇　命令行：QUIT/EXIT。

执行上述命令后，若用户对文件尚未保存，将会弹出如图 1-22 所示的对话框。单击"是"按钮系统将保存文件，单击"否"按钮系统将不保存文件。

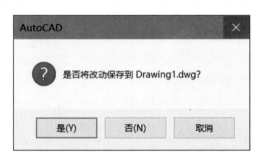

图 1-22　系统提示对话框

1.5　设置绘图环境

一般情况下，绘图环境可以采用系统默认的单位和图形边界，也可以根据绘图的实际需要来设置绘图的环境。

1.5.1　图形单位设置

AutoCAD 提供了适合专业绘图的绘图单位，如英寸、厘米等，用户可以根据需要进行设置。

可以选择"格式"→"单位"命令或通过命令行 Units 命令，在弹出的"图形单位"对话框中，进行单位的设定，如图 1-23 所示。

对话框中有"长度""角度""插入时的缩放单位"和"输出样例"等选项。

"长度"：选择长度单位测量的类型及精度。

"角度"：选择角度单位的类型及精度，包括角度的正负是以顺时针还是逆时针为准。

"插入时的缩放单位"：选择块插入时的图形单位。

"输出样例"：显示选定用当前单位和角度设置的样式。

"光源"：用于指定当前图像中光源强度的单位。

"方向..."按钮：单击该按钮会弹出"方向控制"对话框，用户可以在对话框中设置起始角度 0°的方向，默认 0°方向是水平向右方向，如图 1-24 所示。

图 1-23　"图形单位"对话框　　　　　图 1-24　"方向控制"对话框

1.5.2　设置图形界限

图形界限是在绘图空间中的一个想象的矩形绘图区域，显示为一个可见或不可见的栅格指示的区域。

1. 执行方法

◇　菜单栏："格式"→"图形界限"。

◇　命令行：LIMITS。

2. 操作步骤

指定左下角点或 [开 (ON) /关 (OFF)] <0.0000,0.0000 >：

给出左下角坐标或按【Enter】键选择默认的坐标原点为绘图区左下角点，再按提示给出对角的坐标，即可确定绘图的区域界限。默认是 A3 图纸的界限（0，0）和（420，297）。

3. 操作说明

ON 或 OFF 控制是否限制绘图超限，在"ON"状态下，如果用户作图超出图限，则系统会出现"＊＊超出图形界限"的提示，在绘图边界以外拾取的点被视为无效，并禁止目标点定位在图限区之外。在"OFF"状态下，则没有图形界限的限制。

输入坐标：用户可以直接在屏幕上输入点坐标，输入 X 轴坐标后，输入"，"便可以继续输入 Y 轴坐标。

 **1.6　基本输入操作**

AutoCAD 2016 中，有一些基本的输入操作方法。这些基本方法是进行 AutoCAD 绘图的

必备知识基础，也是深入学习 AutoCAD 功能的前提。

1.6.1　命令输入方式

AutoCAD 交互绘图必须输入必要的指令和参数。AutoCAD 有多种命令输入方式，这里以画直线为例。

1. 在命令窗口输入命令

命令字符可不区分大小写。例如，执行命令：LINE ↙。执行命令时，在命令行经常会出现命令选项。如输入绘制直线命令"LINE"后，命令行中的提示为：

```
命令:LINE↙
指定第一个点:(在屏幕上指定一点或输入一个点的坐标)
指定下一点或[放弃(U)]:
```

选项中不带括号的提示为默认选项，因此可以直接输入直线段的起点坐标或在屏幕上指定一点。如果要选择其他选项，则应该首先输入该选项的标识字符，如"放弃"选项的标识字符"U"，然后按系统提示输入数据即可。在命令选项的后面有时候还带有尖括号，尖括号内的数值为默认数值。

2. 在命令窗口输入命令缩写字

如 L（LINE）、C（CIRCLE）、A（ARC）、Z（ZOOM）、R（REDRAW）、M（MORE）、CO（COPY）、PL（PLINE）、E（ERASE）等。

3. 选取绘图菜单直线选项

选取该选项后，在状态栏中可以看到对应的命令说明及命令名。

4. 单击功能区中的对应命令按钮

单击命令按钮后，在状态栏中也可以看到对应的命令说明及命令名。

5. 在命令行打开右键快捷菜单

如果要输入的命令最近使用过，可以在命令行打开右键快捷菜单，在"最近的输入"子菜单中选择需要的命令，如图 1-25 所示。"最近的输入"子菜单中存储最近使用的六个命令，如果经常重复使用某个六次操作以内的命令，这种方法就比较快速简洁。

图 1-25　命令行右键快捷菜单

6. 右击鼠标

如果用户要重复使用上次使用的命令，可以直接在绘图区右击，系统立即重复执行上次使用的命令，这种方法适用于重复执行某个命令。

7. 功能键

AutoCAD 赋予了多种功能键，见表 1-1。

表 1-1　AutoCAD 常用功能键及其功能

功能键	功能	功能键	功能
F1	获取帮助	F7	栅格显示切换开关
F2	切换绘图/文本窗口	F8	正交模式切换开关
F3	对象的自动捕捉切换	F9	栅格捕捉模式切换开关
F4	数字化仪控制	F10	极轴模式控制
F5	等轴测平面切换	F11	对象追踪模式切换开关
F6	控制状态栏坐标显示方式	F12	动态输入切换开关

8. 控制键

AutoCAD 将部分英文字母和数字赋予了不同的功能，见表 1-2。

表 1-2　AutoCAD 常用控制键及其功能

控制键	功能	控制键	功能
Ctrl + A	全部选择	Ctrl + S	当前图形存盘
Ctrl + B	栅格捕捉切换开关	Ctrl + T	数字化仪控制
Ctrl + C	复制	Ctrl + U	极轴模式控制
Ctrl + D	动态 UCS 系统开关	Ctrl + V	粘贴
Ctrl + E	等轴测平面切换	Ctrl + W	对象捕捉追踪切换开关
Ctrl + F	对象的自动捕捉切换开关	Ctrl + X	剪切
Ctrl + G	栅格显示切换开关	Ctrl + Y	重做（上一个操作）
Ctrl + J（M）	重复执行前一命令	Ctrl + Z	放弃（上一个操作）
Ctrl + K	超级链接	Ctrl + 1	对象特性
Ctrl + L	正交模式切换开关	Ctrl + 2	设计中心
Ctrl + N	新建图形文件	Ctrl + 3	工具选项板窗口
Ctrl + O	打开图形文件	Ctrl + 4	图纸集管理器
Ctrl + P	图形打印	Ctrl + 7	标记集管理器
Ctrl + Q	退出系统	Ctrl + 8	快速计算器

1.6.2　命令执行方式

有些命令有两种执行方式，通过对话框或命令行输入命令。如果指定使用命令窗口方式，可以在命令名前加短画线来表示，如 "–LAYER" 表示用命令行方式执行 "图层" 命令。如果在命令行输入"LAYER"，则系统会自动打开"图层"对话框。

另外，有些命令同时存在命令行、菜单和功能区命令按钮三种执行方式。如果选择菜单或功能区命令按钮方式，命令行会显示该命令，并在前面加下画线，如通过菜单或功能区命令按钮方式执行"直线"命令时，命令行会显示"_ line"，命令的执行过程及结果和命令行方式相同。

1.6.3　命令的重复、撤销、重做

1. 命令的重复

在命令窗口中按【Enter】键可重复调用上一个命令，不管上一个命令是完成了还是被取消了。

2. 命令的撤销

在命令执行的任何时刻都可以取消和终止命令的执行。执行方法有以下几种：
◇　菜单栏："编辑"→"放弃"。
◇　快速访问工具栏：　"放弃"。
◇　快捷键：【Esc】。
◇　命令行：Undo。

3. 命令的重做

已被撤销的命令还可以恢复重做。执行方法有以下几种：
◇　菜单栏："编辑"→"重做"。
◇　快速访问工具栏：　"重做"。
◇　命令行：REDO。

该命令可以一次执行多重放弃和重做操作。单击 UNDO 或 REDO 列表箭头，可以选择要放弃或重做的操作。

1.6.4　坐标系

AutoCAD 采用两种坐标系：世界坐标系（WCS）与用户坐标系（UCS）。用户刚进入 AutoCAD 时的坐标系统就是世界坐标系，是固定的坐标系统。世界坐标系也是坐标系统中的基准，绘制图形时多数情况下都是在这个坐标系统下进行的。执行方法有以下几种：
◇　菜单栏："工具"→"新建 UCS"。
◇　功能区："视图"→"视口工具"→"UCS 图标"。
◇　命令行：UCS。

AutoCAD 有两种视图显示方式：模型空间和图纸空间。模型空间是指单一视图显示法，通常使用的都是这种显示方式；图纸空间是指在绘图区域创建图形的多视图，用户可以对其中每一个视图进行单独操作。在默认情况下，当前 UCS 与 WCS 重合。图 1-26（a）所示为模型空间下的 UCS 坐标系图标，通常放在绘图区左下角处；也可以指定它放在当前 UCS 的实际坐标原点位置，此时出现一个十字，如图 1-26（b）所示；图 1-26（c）所示为图纸空间中的坐标系图标。

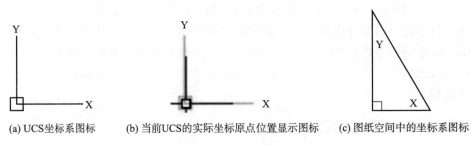

(a) UCS坐标系图标   (b) 当前UCS的实际坐标原点位置显示图标   (c) 图纸空间中的坐标系图标

图 1-26   坐标系图标

1.6.5   点的输入

在 AutoCAD 中，点的坐标可以用直角坐标、极坐标、球面坐标和柱面坐标表示；每一种坐标又分别具有两种坐标输入方式：绝对坐标和相对坐标。其中直角坐标和极坐标最为常用，下面主要介绍这两种坐标的输入。

1. 用鼠标直接单击拾取

在绘图区移动鼠标，使光标移到相应的位置（系统在状态栏会动态显示当前光标的坐标值），直接单击即可在绘图区确定一个点。

2. 绝对直角坐标输入

在直角坐标系中，点的坐标是通过 X 轴和 Y 轴到点的距离来确定的。在三维空间中，通过点到三个互相正交的平面的距离来确定。每个点的距离沿着 X 轴（水平）、Y 轴（垂直）和 Z 轴（背向或面向绘图界面）测量。坐标轴的原点为（0，0，0）。绝对坐标是指相对于当前坐标系的坐标原点的坐标值。AutoCAD 中默认原点位于左下角。点的绝对直角坐标给定方式为：（X，Y，Z），如（10，20，10）。

3. 相对直角坐标输入

坐标输入时，输入绝对坐标往往要计算它与原点的距离，很多时候不够方便快捷，这时可以使用更方便实用的相对直角坐标，即给出距上一点的偏移量来确定新的点坐标，而不用参考坐标原点。输入相对坐标的方式为："@X，Y，Z"。

4. 极坐标输入

极坐标是一种以极径和极角来表示点的坐标系统。在极坐标系中，点的表示方式为：$R < \theta$，其中，R 为当前点到原点的直线距离，θ 为当前点与原点连线和 X 轴正向的夹角。AutoCAD 中，默认逆时针为正角度，顺时针为负角度。另外，极坐标也有相对方式，其表示方式为："@$R < \theta$"。如 30 < 45° 表示距原点直线距离为 30，与水平线逆时针成 45°的点，"@ 30 < 45°" 表示距上一点直线距离为 30，与水平线逆时针成 45°的点。

如图 1-27（a）所示，如果 A 点为前一点，则 B 点的相对直角坐标为 "@ - 30，- 40"；若 B 点为前一点，则 A 点的相对直角坐标为 "@30，40"。如图 1-27（b）所示，若 A 点为前一点，则 B 点的相对极坐标为 "@50 < 233" 或 "@50 < - 127"；若 B 点为前一点，则 A 点的相对极坐标为 "@50 < 53"。

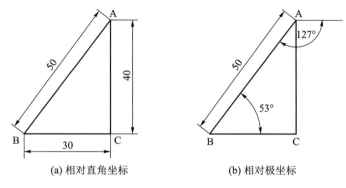

(a) 相对直角坐标　　　　(b) 相对极坐标

图 1-27　相对直角坐标和相对极坐标示例

5. 用捕捉工具选取点

利用系统提供的"对象捕捉"功能（快捷方式为按【Shift】键后右击），可以使用户精确地捕捉到一些特殊点，如圆心、中点、端点、交点、切点等。

6. 在指定的方向上通过给定距离确定点

这也是一种简洁、实用的确定点的方法。在绘图状态下，当用户输入一个点后，通过定标设备将光标放置在拟输入点的方向上，然后直接在命令行输入一个距离值，则该方向上距离当前点为此值的点即为输入点。

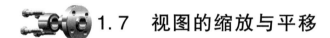 ## 1.7　视图的缩放与平移

在绘图过程中，为了方便观察视图与绘制的图形，AutoCAD 提供了交互式的缩放和平移等功能。用户可以对视图进行缩放、平移、重画、重生成等操作。

1.7.1　实时缩放

在实时缩放命令下，可以通过垂直向上或向下移动光标来放大或缩小图形。

1. 执行方法

◇　菜单栏："视图"→"缩放"→"实时" 。
◇　快捷键：使用鼠标滚轮滚动操作。
◇　功能区："视图"→"导航栏"→"实时"。
◇　命令行：ZOOM（快捷命令：Z）。

2. 操作步骤

按住"选择"按钮垂直向上或向下移动。从图形的中点向顶端垂直地移动光标就可以将图形放大两倍，向底部垂直地移动光标就可以将图形缩小为 1/2。

1.7.2　放大和缩小

放大和缩小是两个基本缩放命令。放大图像能观察细节，缩小图像能看到大部分或全

部的图形。

1. 执行方法

◇　菜单栏："视图" → "缩放" → "放大" $+_q$ / "缩小" $-_q$ 。

2. 操作步骤

单击菜单栏中的"放大" / "缩小"按钮，当前图形相应地进行放大或缩小。

1.7.3　动态缩放

如果"快速缩放"功能已经打开，就可以用动态缩放改变画面显示而不重新生成视图。动态缩放会在当前视区中显示图形的全部。

1. 执行方法

◇　菜单栏："视图" → "缩放" → "动态" $\because_q$ 。

◇　功能区："视图" → "导航栏" → "动态"。

◇　命令行：ZOOM。

2. 操作步骤

执行上述命令后，系统将弹出一个图框。选取动态缩放前的画面呈绿色的点线框，如果要使选取动态缩放的图形的显示范围与选取前的范围相同，则此点线框会与白线重合而不可见。重新生成区域的四周有一个蓝色虚线框，用以标记虚拟屏幕。这时，如果线框中有一个"×"出现，就可以拖动线框把它平移到另外一个区域。如果要放大图形到不同的倍数，单击"选择"按钮，"×"就会变成一个箭头，这时左右拖动边界线就可以重新确定视区的大小。

另外，缩放命令还有窗口缩放、比例缩放、中心缩放、缩放对象、缩放上一个、全部缩放和最大图形范围缩放等，其操作方法与动态缩放类似。

1.7.4　平移

利用实时平移，能通过单击和移动光标重新放置图形。

1. 执行方法

◇　菜单栏："视图" → "平移" → "实时" 🖑 。

◇　功能区："视图" → "视口工具" → "导航栏"，在右侧导航栏中单击"平移"图标。

◇　命令行：PAN。

2. 操作步骤

执行上述命令后，鼠标指针变成手形，然后移动鼠标就可以平移图形了。

另外，AutoCAD 2016 为显示控制命令设置了一个右键快捷菜单，如图 1-28 所示。在该菜单中，用户可以在显示命令执行的过程中，透明地进行切换。

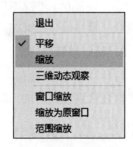

图 1-28　快捷菜单

1.7.5　定点平移

除了最常用到的"实时平移"外，也会用到"定点平移"的指令。

1. 执行方法

◇　菜单栏："视图"→"平移"→"点" 。

◇　命令行：－PAN。

2. 操作步骤

执行上述命令后，当前图形按照指定位移和方向进行平移。另外，平移子菜单还有"左""右""上""下"4 个平移指令，如图 1-29 所示，选择这些指令后，图像将按照指定的方向平移。

图 1-29　"平移"子菜单

1.7.6　命名视图

命名视图是将某些视图范围命名保存下来，供以后随时调用。

1. 执行方法

◇　菜单栏："视图"→"命名视图"。

◇　功能区："视图"→"模型视口"→"命名"。

◇　快捷键：【V】。

◇　命令行：VIEW。

2. 操作步骤

执行上述命令后，将打开如图 1-30 所示的"视图管理器"对话框，可以在其中进行视图的命名和保存操作。

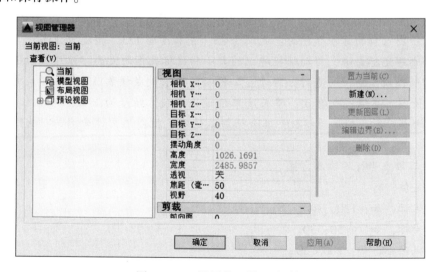

图 1-30　"视图管理器"对话框

1.7.7　重画视图

重画命令用于快速地刷新视图，以反映当前的最新修改。其执行方法有以下几种：
◇　菜单栏："视图"→"重画"。
◇　快速访问工具栏："重做"。
◇　命令行：REDRAW/REDRAWALL（快捷命令：RA）。

1.7.8　重生成视图

当使用"重画"命令无效时，可以使用"重生成"命令刷新当前视图。其执行方法有以下几种：
◇　菜单栏："视图"→"重生成"。
◇　命令行：REGEN（快捷命令：RE）。

1.7.9　清除屏幕

利用清除屏幕功能，可以将图形环境中除了一些基本的命令或菜单外的其他配置都从屏幕上清除，只保留绘图区，这样更有利于突出图形本身。其执行方法有以下几种：
◇　菜单栏："视图"→"全屏显示"。
◇　快捷键：【Ctrl + 0】。

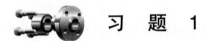 习　题　1

1. 创建一个 AutoCAD 图形文件，并命名保存，设置文件密码保护，写出操作步骤。
2. 改变绘图窗口的背景颜色为：色调为 85，饱和度为 123，亮度为 205。
3. 调整十字光标大小、自动捕捉标记的大小和鼠标靶框的大小，以适应绘图区域比例。
4. 创建一幅新图形，并进行如下设置：将绘图界限设成横装 A3 图幅（尺寸大小：420 ×297），并使图形界限检查有效；将长度单位设为小数，精度为小数点后 2 位；将角度单位设置为十进制度数，精度为整数，其余为默认选项，把图形文件命名为"A3 图幅.dwg"后保存。
5. 练习二维点坐标的输入方式。
① 鼠标定位。
② 绝对坐标，如：120，300。
③ 相对坐标，如：@50，30。
④ 绝对极坐标，如：100 < 30。
⑤ 相对极坐标，如：@100 < 30。
⑥ 直接距离输入。
6. 练习二维点坐标的输入方式，绘制图 1-31 所示的图形，写出操作步骤。

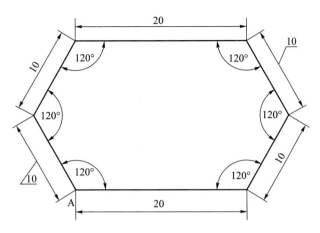

图 1-31　习题 7 图示

7. 按如下步骤操作，绘制最后得到的效果图形。

命令：_line 指定第一点：60,40 ↙
指定下一点或[放弃(U)]：150,40 ↙
指定下一点或[放弃(U)]：60,60 ↙
指定下一点或[放弃(U)]：180<45 ↙
指定下一点或[放弃(U)]：@50<21 ↙
指定下一点或[放弃(U)]：C ↙

第2章
二维绘图

AutoCAD 可以绘制二维平面图形和构造三维立体模型以满足各种工程设计的要求。二维图形主要由一些图形元素组成，如点、直线、圆、椭圆、矩形、多边形、多段线、样条曲线、多线等几何元素，本章主要介绍简单二维图形的绘制。

 ## 2.1 直线类图元的绘制

直线类图元主要包括直线、射线、构造线以及多线。这些都是 AutoCAD 最简单的指令。

2.1.1 绘制直线

这里的"直线"是指具有一定长度的线段。

1. 执行方法

◇ 菜单栏："绘图" → "直线"。

◇ 功能区："默认" → "绘图" → "直线" ⟋ 。

◇ 命令行：LINE（快捷命令：L）。

2. 操作步骤

命令:Line↙
指定第一点:可根据点的确定方法在绘图区确定直线的起始端点。
指定下一点或[放弃(U)]:输入直线段的端点,也可以用鼠标指定一定角度后,直接输入直线的长度。
指定下一点或[放弃(U)]:输入下一直线段的端点,输入 U 表示放弃前面的输入;单击或按【Enter】键,结束命令。
指定下一点或[闭合(C)/放弃(U)]:输入下一直线段的端点,或输入 C 使图形闭合,结束命令。

示例 2.1：　利用直线命令绘制一个如图 2-1 所示的三角形。

步骤：

①在命令行输入 Line 命令或单击"默认"选项卡"绘图"面板中的"直线"按钮。

②指定第一点坐标为绝对直角坐标（0，0）。

③依次指定其余各点坐标：（30，0），@40＜90。

④最后输入字母 C 闭合曲线即可。

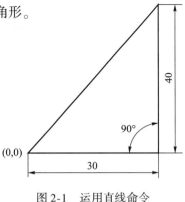

图 2-1　运用直线命令
绘制的三角形

2.1.2　绘制射线

射线是只有一个端点，而另一端无限延伸的直线。

1. 执行方法

◇　菜单栏："绘图"→"射线"。

◇　功能区："默认"→"绘图"→"射线" ↗。

◇　命令行：RAY。

2. 操作步骤

命令:Ray↙

指定起点:在第一个指定点上单击鼠标给出起点。

指定通过点:在第二个指定点上单击鼠标给出通过点并右击,画出射线。

2.1.3　绘制构造线

构造线是一条向两端无限延伸的直线。

1. 执行方法

◇　菜单栏："绘图"→"构造线"。

◇　功能区："默认"→"绘图"→"构造线" ↗。

◇　命令行：XLINE（快捷命令：XL）。

2. 操作步骤

绘制构造线的方法有"指定点""水平""垂直""角度""二等分""偏移"六种。下面以指定点的方法为例，其他五种绘制方法类似，用户可根据命令行提示进行相应的操作。

命令:Xline↙

指定点或[水平(H)/垂直(V)/角度(A)/二等分(B)/偏移(O)]:指定起点1。

指定通过点:指定通过点2,绘制一条双向无限长的直线。

指定点通过点:继续指定点、绘制直线,按【Enter】键结束命令。

3. 操作说明

"水平（H）"：生成一条或多条水平的构造线。

"垂直（V）"：生成一条或多条垂直的构造线。

"角度（A）"：生成有一定转角的构造线，按指定的角度创建构造线。

"二等分（B）"：生成平分指定角度的构造线，需要进一步指定等分角度的顶点、起点和端点。

"偏移（O）"：以已有对象为参考，以指定距离为偏移距离，绘制与已有对象方向相同，距离为偏移距离的构造线；或绘制以已有对象为方向，通过指定点的构造线。

示例 2.2：绘制如图 2-2 所示的角平分线。

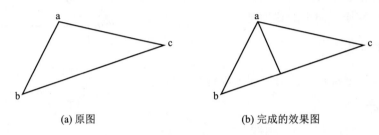

(a) 原图　　　　　　　　　　　(b) 完成的效果图

图 2-2　角平分线绘制示例图

步骤：

①绘制如图 2-2（a）所示原图。

②在命令行输入 XLine 命令或单击"默认"选项卡"绘图"面板下拉按钮，在下拉面板单击"构造线"按钮。

③分别以水平(H)/垂直(V)/角度(A)/二等分(B)/偏移(O)响应命令行提示，选择二等分（B）选项。

④指定 a 为顶点，b 为起点，c 为端点，最后按【Enter】键结束命令。

⑤在命令行输入 tr，选中边界线并按【Enter】键，调用"放弃"命令，选中要修剪的对象后单击，最后按【Enter】键，修剪图形如图 2-2（b）所示。

2.1.4　绘制多线

多线是一种由多条平行线组成的组合图形对象。多线最多可以由 16 条平行线组成，每一条直线都是多线的一个元素。

1. 执行方法

◇　菜单栏："绘图"→"多线"。

◇　命令行：MLINE。

2. 操作步骤

命令:Mline↙

当前设置:对正＝上,比例＝20.00,样式＝STANDARD。

指定起点或[对正(J)/比例(S)/样式(ST)]:指定起点。

指定下一点:给定下一点。

指定下一点或者[放弃(U)]:继续给定下一点绘制线段。输入 U,则放弃前一段的绘制;单击或者按【Enter】键,结束命令。

指定下一点或者[闭合(C)/放弃(U)]:继续给定下一点绘制线段。输入 C,则闭合线段,结束命令。

3. 操作说明

"对正（J）"：确定光标在多重平行线中的对正位置，T 为光标在多重平行线的上方；Z 为光标在多重平行线的中央；B 为光标在多重平行线的下方。

"比例（S）"：设置多重平行线间距的比例系数。

"样式（ST）"：选择多重平行线样式或查询已加载的多重平行线。

2.1.5　多线样式

1. 执行方法

◇　菜单栏："格式" → "多线样式"。

◇　命令行：MLstyle。

2. 操作步骤

系统执行该命令，则打开如图 2-3 所示的"多线样式"选项卡。通过"多线样式"选项卡可以新建多线样式，并对其进行修改、重命名、加载、删除等操作。

图 2-3　"多线样式"选项卡

单击"新建"按钮，系统将弹出"创建新的多线样式"选项卡，如图 2-4 所示。在文本框中输入新样式名称，单击"继续"按钮，在系统弹出"新建多线样式：墙体"选项卡中可以设置多线样式的封口、填充、元素特性等内容，如图 2-5 所示。

3. 操作说明

"封口"：设置多线的平行线之间两端封口的样式。

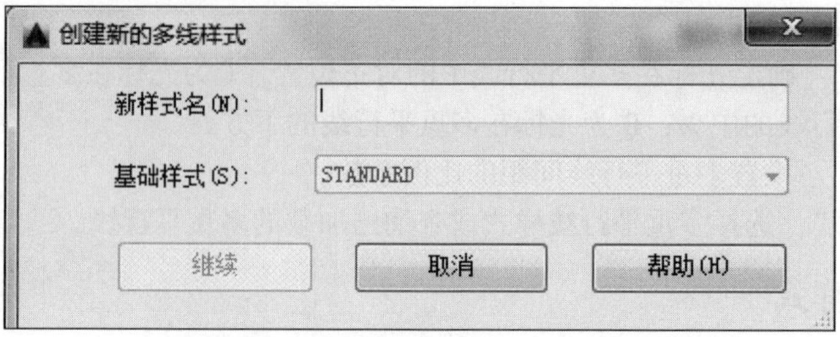

图 2-4 "创建新的多线样式" 选项卡

图 2-5 "新建多线样式墙体" 选项卡

"填充": 设置封闭多线内的填充颜色, 选择 "无" 即为透明。

"显示连接": 显示或隐藏每条多线线段顶点处的连接。

"图元": 构成多线的元素。

"偏移": 设置多线元素从中线的偏移值, 值为正表示向上偏移, 值为负表示向下偏移。

"颜色": 设置组成多线元素的直线线条颜色。

"线型": 设置组成多线元素的直线线条线型。

2.1.6 多线编辑

多线绘制完成后, 可以根据不同的需要进行编辑, 除了将其 "分解" 后使用修剪的方式编辑多线外, 还可以使用 "多线编辑工具" 对话框中的多种工具直接进行编辑, 如图 2-6 所示。

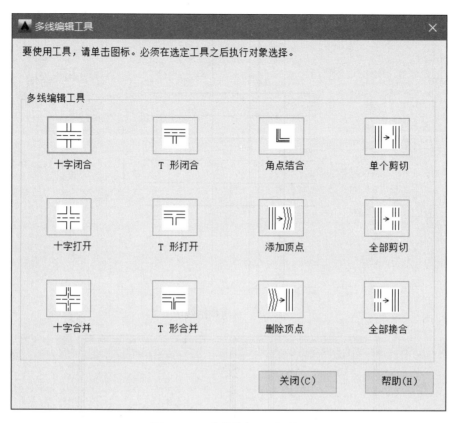

图 2-6　"多线编辑"对话框

1. 执行方法

◇　菜单栏："修改" → "对象" → "多线"。

◇　绘图区：双击要编辑的多线对象。

◇　命令行：MLEDIT。

2. 操作步骤

命令:MLedit↙

选择第一条多线:单击第一条多线。

选择第二条多线:单击第二条多线。

选择第一条多线或[放弃(U)]:按【Enter】键结束。

在"多线编辑工具"对话框中，以四列显示工具用于创建或修改多线的模式：第一列图标设定多线十字交叉的形式；第二列设定多线 T 字交叉的形式；第三列设定多线拐角接合点和节点形式；第四列设定多线被剪切或连接的形式，单击各图标即可实现编辑。

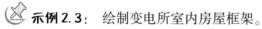 **示例 2.3**：　绘制变电所室内房屋框架。

步骤：

①按照房屋尺寸绘制房屋框架的水平与垂直构造线图，如图 2-7 所示。

②修掉多余边界，采用默认多线样式，在构造线上绘出房屋的多线结构，如图 2-8 所示。

③对多线交叉点进行编辑，修剪多余的部分，完成房屋框架的绘制，如图 2-9 所示。

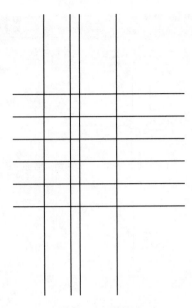

图 2-7　房屋构造线图

图 2-8　添加多线后的房屋结构图

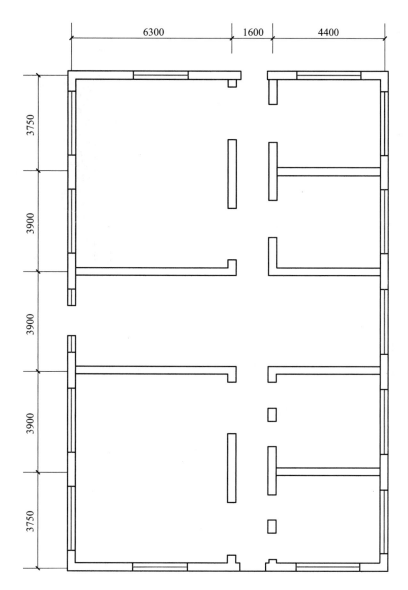

图 2-9　多线绘制的房屋结构图

 **2.2　圆类图形的绘制**

　　AutoCAD 2016 中圆类图形有圆、圆弧、椭圆、椭圆弧、圆环等。其绘制方法比较复杂，在实际工程绘图工程中，需要灵活运用。

2.2.1　绘制圆

　　当一条线段绕着它的一个端点在平面内旋转一周时，其另一个端点的轨迹就是圆。圆是最简单的封闭图形。

1. 执行方法

◇　菜单栏："绘图" → "圆"。

◇　功能区："默认" → "绘图" → "圆"下拉按钮。

◇　命令行：CIRCLE（快捷命令：C）。

2. 操作步骤

AutoCAD 提供了六种画圆的方法，如图 2-10 所示。下面以"三点法"为例讲述圆的绘制方法。

```
命令:Circle↙
指定圆的圆心或[三点(3P)/两点(2P)/切点、切点、半径(T)]:3P↙
指定圆上的第一个点:指定一点或输入一个点的坐标值。
指定圆上的第二个点:指定一点或输入一个点的坐标值。
指定圆上的第三个点:指定一点或输入一个点的坐标值。
```

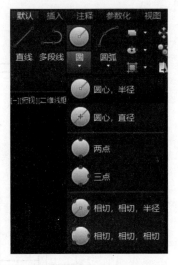

图 2-10　圆下拉菜单的子选项

3. 操作说明

"三点（3P）"：通过确定圆上三个不同线的点的位置或坐标画圆。

"两点（2P）"：通过确定圆直径上两端点的位置或坐标画圆。

"圆心、半径"：通过圆心和半径的方式画圆。

"圆心、直径"：通过圆心和直径的方式画圆。

"相切、相切、半径（T)"：通过指定两个可相切对象上的点和与之均相切的圆的半径画圆。

"相切，相切，相切（A)"：通过指定三条切线画圆。

示例 2.4：　绘制与两相交直线相切的圆，以及任意三角形的内切圆，如图 2-11（a）、（b）所示。

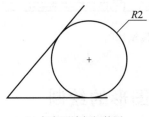

(a) 与角两边相切的圆

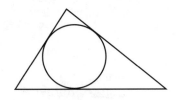

(b) 任意三角形的内切圆

图 2-11　相切画圆示例图

步骤：

①通过直线绘制一个任意角，如图 2-11（a）所示，选择圆命令，使用"相切、相切、半径（T)"方式绘圆，切点分别选在角的两条边上的任意点，半径输入：2，按【Enter】键确认即可。

②用直线命令任意绘制一个封闭的三角形，如图 2-11（b）所示，单击功能区"默认"→"绘图"→"圆"下拉按钮→"相切、相切、相切（A）"按钮绘圆，分别在三角形的三条边上任意选择切点即可。

2.2.2　绘制圆弧

圆弧是圆上任意两点的一部分。

1. 执行方法

◇　菜单栏："绘图"→"圆弧"。
◇　功能区："默认"→"绘图"→"圆弧"下拉按钮。
◇　命令行：ARC（快捷命令：A）。

2. 操作步骤

AutoCAD 2016 提供了 11 种画圆弧的方法，如图 2-12 所示。下面以"三点法"为例讲述圆弧的绘制方法。

图 2-12　圆弧下拉菜单的子选项

> 命令：Arc↙
> 指定圆弧的起点或[圆心(C)]:指定起点。
> 指定圆弧的第二个点或[圆心(C)/端点(E)]:指定圆弧的第二个点。
> 指定圆弧的端点:指定圆弧的终点。

3. 操作说明

"三点（P）"：指定圆弧上起点、第二个点和终点确定圆弧。

"起点、圆心、端点（S）"：指定圆弧上起点、圆心和终点确定圆弧。

"起点、圆心、角度（T）"：利用圆弧起点、圆心及圆周角确定圆弧。执行此命令时会出现"指定包含角"的提示，在输入角度时，如果当前环境设置逆时针方向为角度正方向，且输入的是正角度值，则绘制的圆弧是从起点绕圆心逆时针方向绘制，反之则沿顺指针方向绘制。

"起点、圆心、长度（A）"：利用圆弧的起点、圆心和弦长确定圆弧。另外在命令行的"指定弦长"提示信息下，如果输入的是负值，则绘制的圆弧为优弧。

"起点、端点、角度（N）"：利用圆弧的起点、终点和圆周角度确定圆弧。

"起点、端点、方向（D）"：利用圆弧的起点、终点和起点切线方向确定圆弧。

"起点、端点、半径（R）"：利用圆弧的起点、终点和圆弧半径确定圆弧。

"圆心、起点、端点（C）"：利用圆弧的圆心、起点和终点确定圆弧。

"圆心、起点、角度（E）"：利用圆弧的圆心、起点和圆周角度确定圆弧。

"圆心、起点、长度（L）"：给定圆弧的圆心、圆弧起点、弦长来确定圆弧。

"连续（O）"：以上一段圆弧的终点为起点接着绘制圆弧，按【Ctrl】键单击，切换方向。

✦ **示例 2.5**：利用圆弧绘制拱门图例，如图 2-13（a）、（b）所示。

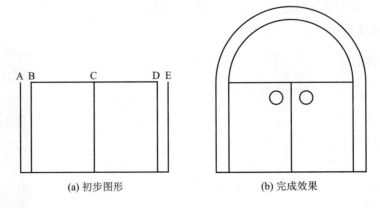

(a) 初步图形　　　　　　(b) 完成效果

图 2-13　拱门图例

步骤：

①使用构造线、直线、DIV 平分线段等命令绘制如图 2-13 （a） 所示图形。

②单击功能区 "绘图" → "圆弧" 下拉按钮→ "起点、圆心、端点" 按钮，依次选择 D、C、B 点，绘制圆弧。

③单击功能区 "绘图" → "圆弧" 下拉按钮→ "起点、端点、方向" 按钮，在图中依次选择 A、E 两点，然后把光标放在圆弧上方用以指定圆弧的方向，绘制大圆弧。

④单击功能区 "绘图" → "圆" 按钮，在左侧门上适当位置指定圆心、半径画圆。

⑤单击功能区 "修改" → "镜像" 按钮，单击左侧的圆为镜像对象，右击后再单击中间竖直的线段为镜像线，不删除原对象，把圆镜像到右边，如图 2-13 （b） 所示。

2.2.3　绘制圆环

圆环是由内外两个圆组成的环形区域。绘制圆环的主要参数有圆心、内径和外径。

1. 执行方法

◇　菜单栏："绘图" → "圆环"。

◇　功能区："默认" → "绘图" → "圆环" ◎。

◇　命令行：DONUT （快捷命令：DO）。

2. 操作步骤

命令:Donut↙
指定圆环的内径＜默认值＞:给出圆环内圆的半径。
指定圆环的外径＜默认值＞:给出圆环外圆的半径。
指定圆环的中心点或＜退出＞:指定圆环的中心点。
指定圆环的中心点或＜退出＞:继续指定圆环的中心点，则继续绘制相同内外径的圆环。

按【Enter】键、【Space】键或者右击，结束命令。

3. 操作说明

若指定内径为 0，则画出实心填充圆。

圆环的填充效果是否显示，由 FILL 命令设定，具体方法如下：

> 命令:Fill↙
> 输入模式[开(ON)/关(OFF)]<开>:选择[开(ON)]表示显示填充;选择[关(OFF)]表示不显示填充。

在图形已绘制完成后，如改变 Fill 状态后，需用 REGEN 命令对图形重新生成，改变后的结果才能被显示，如图 2-14 所示为填充和不填充的圆环。

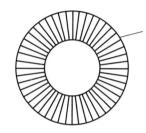

先执行FILL命令，选择
［关（OFF）］，再绘
制圆

图 2-14　填充和不填充的圆环

2.2.4　绘制椭圆

椭圆也是一种典型的封闭图形，椭圆在一般工程图形中的应用不多，在绘制轴测图时可作为轴测圆。

1. 执行方法

◇　菜单栏："绘图"→"椭圆"。

◇　功能区："默认"→"绘图"→"椭圆弧" ⊙。

◇　命令行：ELLIPSE（快捷命令：EL）。

2. 操作步骤

> 命令:Ellipse↙
> 指定椭圆的轴端点或[圆弧(A)/中心点(C)]:给出椭圆轴的一个端点。若选择"圆弧(A)"则绘出指定圆周角度的一段椭圆弧,可以给定开始角度和终止角度,也可以给定椭圆弧角度参数。若选择"中心点(C)"则通过椭圆中心点和两个半轴长度来绘制椭圆。
> 指定轴的另一个端点:若已给出椭圆轴的一个端点,则需给出椭圆轴的另一个端点。
> 指定另一条半轴长度或[旋转(R)]:给出椭圆另一轴的半轴长度。若选择旋转(R)则以旋转形式绘制椭圆,即假想将圆旋转一定角度,使其投影为椭圆。
> 指定起点角度或[参数(P)]:指定起始角度或输入 P。
> 指定起点角度或[参数(P)/夹角(I)]:指定适当点。

2.2.5　绘制椭圆弧

椭圆弧是椭圆上的一段弧段，绘制椭圆弧的命令和椭圆的命令都是 Ellipse，但命令行的提示略不同。

1. 执行方法

◇ 菜单栏："绘图" → "椭圆" → "椭圆弧"。

◇ 功能区："默认" → "绘图" → "椭圆" → "椭圆弧" 下拉菜单◐。

◇ 命令行：ELLIPSE（快捷命令：EL）。

2. 操作步骤

相同于椭圆绘制中选择圆弧的步骤。

椭圆和椭圆弧分别如图 2-15（a）、(b）所示。

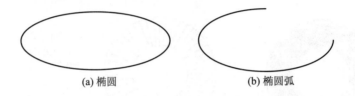

(a) 椭圆　　　　　　(b) 椭圆弧

图 2-15　绘制椭圆、椭圆弧

2.3　曲线类图元的绘制

AutoCAD 2016 中曲线类的基本图元包括多段线、样条曲线等。

2.3.1　绘制多段线

多段线是由直线段或圆弧段组成的组合体，这种线由于其组合形式多样，线宽可变化，弥补了直线和圆弧的不足，适合绘制各种复杂的图形轮廓，因而得到广泛的应用。

1. 执行方法

◇ 菜单栏："绘图" → "多段线"。

◇ 功能区："默认" → "绘图" → "多段线" ⌒。

◇ 命令行：PLINE（快捷命令：PL）。

2. 操作步骤

```
命令:Pline↙
指定起点:指定确定多段线起点。
当前线宽为 0.0000。(提示用户多段线当前宽度)
指定下一点或[圆弧(A)/闭合(C)/半宽(H)/长度(L)/放弃(U)/宽度(W)]:确定下一点或选择[ ]中
各选项。直接输入下一点表示以当前默认线宽绘制多段线。
```

3. 操作说明

多段线主要由连续的不同宽度的线段或圆弧组成，如果在上述命令中提示选择"圆弧"选项，则系统提示：

指定圆弧的端点或 [角度(A)/圆心(CE)/闭合(CL)/方向(D)/半宽(H)/直线(L)/半径(R)/第二个点(S)/放弃(U)/宽度(W)]:确定圆弧的端点或选择 [ ] 中各选项,其中"半宽(H)"和"宽度(W)"为确定线宽,"直线(L)"为转到画直线方式,其他均和画圆弧的命令相似。

"闭合(C)":将多段线的起点与终点闭合,同时结束多段线的绘制。

"半宽(H)":设置多段线起始与结束的上线部分宽度值,即宽度的二分之一。

"长度(L)":绘出与上一段角度相同的线段。

"放弃(U)":删除多段线最后一段。

"宽度(W)":定义多段线全宽,确定多段线起点与终点的宽度值。

图 2-16　绘制
避雷针图形符号

 示例 2.6：　绘制如图 2-16 所示避雷针图形符号。

 步骤：

```
命令:_rectang
指定第一个角点或 [倒角(C)/标高(E)/圆角(F)/厚度(T)/宽度(W)]:
指定另一个角点或 [面积(A)/尺寸(D)/旋转(R)]:d
指定矩形的长度 <20.0000>:
指定矩形的宽度 <45.0000>:
指定另一个角点或 [面积(A)/尺寸(D)/旋转(R)]:
命令:_line
指定第一个点:
指定下一点或 [放弃(U)]:40
指定下一点或 [放弃(U)]:*取消*
命令:_pline
指定起点:
当前线宽为 0.0000
指定下一个点或 [圆弧(A)/半宽(H)/长度(L)/放弃(U)/宽度(W)]:w
指定起点宽度 <0.0000>:5
指定端点宽度 <5.0000>:0(移动光标使箭头对准位置)
指定下一个点或 [圆弧(A)/半宽(H)/长度(L)/放弃(U)/宽度(W)]:12
指定下一点或 [圆弧(A)/闭合(C)/半宽(H)/长度(L)/放弃(U)/宽度(W)]:*取消*
```

 示例 2.7：　绘制如图 2-17 所示回形针。

图 2-17　绘制回形针

步骤：

> 命令:Pline↙
> 指定起点:绘图区任意拾取一点为起点。
> 当前线宽为 0.0000。
> 指定下一点或[圆弧(A)/半宽(H)/长度(L)/放弃(U)/宽度(W)]:@ 500,0↙
> 指定下一点或 [圆弧(A)/闭合(C)/半宽(H)/长度(L)/放弃(U)/宽度(W)]:A↙
> 指定圆弧的端点或[角度(A)/圆心(CE)/闭合(CL)/方向(D)/半宽(H)/直线(L)/半径(R)/第二个点(S)/放弃(U)/宽度(W)]:@ 0,200↙
> 指定圆弧的端点或[角度(A)/圆心(CE)/闭合(CL)/方向(D)/半宽(H)/直线(L)/半径(R)/第二个点(S)/放弃(U)/宽度(W)]:L↙
> 指定下一点或 [圆弧(A)/闭合(C)/半宽(H)/长度(L)/放弃(U)/宽度(W)]:@ -500,0↙
> 指定下一点或 [圆弧(A)/闭合(C)/半宽(H)/长度(L)/放弃(U)/宽度(W)]:A↙
> 指定圆弧的端点或[角度(A)/圆心(CE)/闭合(CL)/方向(D)/半宽(H)/直线(L)/半径(R)/第二个点(S)/放弃(U)/宽度(W)]:R↙
> 指定圆弧半径:90 ↙
> 指定圆弧的端点或[角度(A)]:180 ↙

继续利用直线命令、圆弧中的"起点、端点、方向"命令绘制出回形针图形。

2.3.2　绘制样条曲线

样条曲线是用以创建形状不规则的曲线，常用来表示制图中剖视图中与实体相接的部分，还可以在建筑图中表示地形地貌等。

1. 执行方法

◇　菜单栏："绘图"→"样条曲线"。

◇　功能区："默认"→"绘图"下拉按钮→"样条曲线拟合" ⤵ 或"样条曲线控制点" ℕ。

◇　命令行：SPLINE（快捷命令：SPL）。

2. 操作步骤

> 命令:Spline↙
> 当前设置:方式 = 拟合 节点 = 弦
> 指定第一个点或 [方式(M)/节点(K)/对象(O)]:确定第一个点或选择"对象(O)"选项。
> 指定下一点或 [起点切向(T)/公差(L)]:指定第二点
> 指定下一点或 [端点相切(T)/公差(L)/放弃(U)]:指定第三点
> 指定下一点或 [端点相切(T)/公差(L)/放弃(U)/闭合(C)]:"闭合(C)"将样条曲线起点和终点闭合

3. 操作说明

"方式（M）"：控制样条曲线的创建方式，即选择拟合的方式或点的方式绘制样条曲线。

"节点（K）"：控制样条曲线节点参数化的运算方式，以确定样条曲线中连续拟合点之间的零部件曲线如何过渡。

"对象（O）"：用于将多段线转化为等价的样条曲线。

"公差（L）"：拟合公差，定义曲线的偏差值。值越大离控制点越远，反之则越近。

"端点相切（T）"：定义样条曲线的起点和结束点的切线方向。

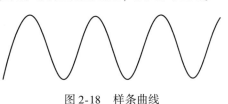

"放弃（U）"：放弃样条曲线的绘制。

"闭合（C）"：将样条曲线起点和终点闭合。

样条曲线如图 2-18 所示。

图 2-18　样条曲线

2.3.3　编辑样条曲线

样条曲线在绘制完成后，往往不能满足实际要求，此时可以利用样条曲线编辑命令对其进行编辑，以得到符合需要的样条曲线。

1. 执行方法

◇　菜单栏："修改"→"对象"→"样条曲线"。

◇　功能区："默认"→"修改"下拉按钮→"编辑样条曲线"。

◇　命令行：SPLINEDIT。

2. 操作步骤

启动样条曲线编辑命令后，命令行出现如下提示：

> 输入选项[闭合(C)/合并(J)/拟合数据(F)/编辑顶点(E)/转换为多段线(P)/反转(R)/放弃(U)/退出(X)]：

3. 操作说明

"闭合（C）"：选取该选项，可以将样条曲线封闭。

"拟合数据（F）"：修改样条曲线所通过的主要控制点。使用该选项后，样条曲线上各控制点将会被激活。

"编辑顶点（E）"：选择该选项后，被选择的样条曲线将显示其顶点，此时可以根据命令行的提示对其进行添加、删除、提高阶数等操作。

"转换为多段线（P）"：选择该选项后输入精确数值，被选择的样条曲线将转换为对应精度的多段线。

"反转（R）"：选择该选项可以将样条曲线起点与终点进行反转。

"放弃（U）"：取消上一编辑操作。

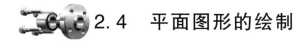 **2.4　平面图形的绘制**

简单的平面图形包括"矩形"和"多边形"，是由多条长度相等或相互垂直的直线组成的复合对象，在绘制复杂图形时比较常用。

2.4.1　绘制矩形

矩形是最简单的封闭直线图形，用户可以绘制多种形式的矩形，包括普通矩形、倒角矩形、圆角矩形、有宽度矩形和有厚度矩形。

1. 执行方法

◇ 菜单栏："绘图"→"矩形"。

◇ 功能区："默认"→"绘图"→"矩形" ▭。

◇ 命令行：RECTANG（快捷命令：REC）。

2. 操作步骤

命令:Rectang↙
指定第一个角点或 [倒角(C)/标高(E)/圆角(F)/厚度(T)/宽度(W)]:指定角点
指定另一个角点或 [面积(A)/尺寸(D)/旋转(R)]:

3. 操作说明

"第一个角点"：通过指定两个角点确定矩形，如图 2-19（a）所示。

"倒角（C）"：以倒角形式绘制矩形，需指定倒角的距离，如图 2-19（b）所示。

"圆角（F）"：以圆角形式绘制矩形，需指定圆角的半径，如图 2-19（c）所示。

"标高（E）"：以指定的标高绘制矩形，需指定标高数值。

"宽度（W）"：以指定的线宽绘制矩形，需指定线宽数值，如图 2-19（d）所示。

"厚度（T）"：以指定的厚度绘制矩形，需指定厚度数值，如图 2-19（e）所示。

"面积（A）"：指定面积和长或宽创建矩形。

"尺寸（D）"：使用长和宽创建矩形，第二个指定点将矩形定位在绘图区中单击鼠标。

"旋转（R）"：使所绘制的矩形旋转一定的角度。输入正角度指逆时针旋转，负角度指顺时针旋转。

> **注意：**
>
> 有标高和厚度的矩形一般用于三维绘图。

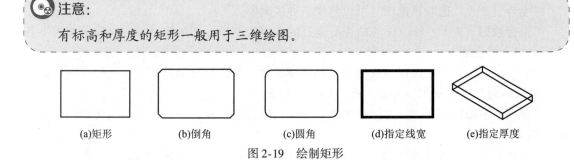

| (a)矩形 | (b)倒角 | (c)圆角 | (d)指定线宽 | (e)指定厚度 |

图 2-19 绘制矩形

2.4.2 绘制正多边形

正多边形是相对复杂的一种平面图形，是由 3 条或 3 条以上长度相等的线段首尾相连形成的闭合图形。绘制多边形需要指定的参数有边数（范围在 3 ~ 1024 之间）、位置与大小。

1. 执行方法

◇ 菜单栏："绘图"→"多边形"。

◇ 功能区："默认"→"绘图"→"矩形"下拉按钮→"多边形" ⬠。

◇ 命令行：POLYGON（快捷命令：POL）。

2. 操作步骤

> 命令:Polygon↙
>
> 输入侧面数 <4>:输入正多边形的边数,默认值是4。
>
> 指定正多边形的中心点或 [边(E)]:给出正多边的中心点或输入字母E,给出多边形的边长。
>
> 输入选项 [内接于圆(I)/外切于圆(C)]<I>:指定正多边形是内接或外切于圆,默认是内接于圆。
>
> 指定圆的半径:给出内接或外切圆的半径。
>
> 选择中心点会弹出内接圆或外切圆,若输入字母E,则没有。

3. 操作说明

"边（E）"：选择该选项，只要指定多边形的一条边，系统就会按逆时针方向创建正多边形，图 2-20（a）所示。

"内接于圆（I）"：选择该选项，绘制的多边形内接于圆，图 2-20（b）所示。

"外切于圆（C）"：选择该选项，绘制的多边形外切于圆，图 2-20（c）所示。

  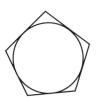

(a) 正多边形　　　　　(b) 多边形内接于圆　　　　　(c) 多边形外切于圆

图 2-20　绘制正多边形

2.5　点的绘制

点在 AutoCAD 中有多种不同的表示方式，用户可以根据需要进行设置，也可以设置等分点和测量点。

2.5.1　绘制点

点是组成图形的最基本元素，通常用来作为对象捕捉的参考点。

1. 执行方法

◇　菜单栏："绘图"→"点"（在子菜单中可选择单点或多点命令，见图 2-21）。

◇　命令行：POINT（快捷命令：PO）。

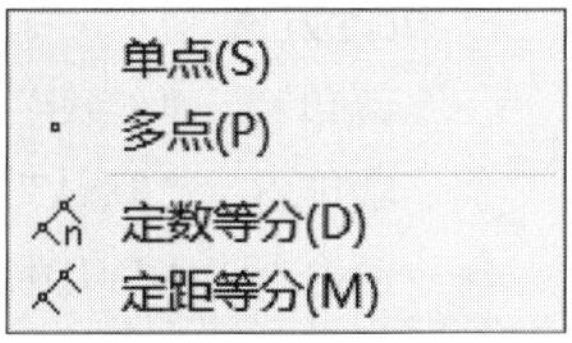

单点(S)
· 多点(P)
定数等分(D)
定距等分(M)

图 2-21　"点"子菜单

2. 操作步骤

> 命令:Point↙
>
> 指定点:给出点的位置即可,可以连续给出多个点,按【Esc】键结束。

3. 操作说明

通过菜单方法操作，"单点"命令表示只输入一个点，"多点"命令表示可输入多个点。

可以单击状态栏中的"对象捕捉"按钮，设置点捕捉模式，帮助用户选择点。

如用户对默认的点的样式及显示的大小不满意，可以通过下列命令进行修改：单击菜单栏"格式"→"点样式"或在命令行输入 DDPtype，出现如图 2-22 所示的对话框，用户可在此对话框中对点进行样式和大小的设置。

点的大小有两种设置模式。一种是按相对屏幕的大小（R）进行设置，如图 2-22（a）所示；另一种是按照绝对的单位大小（A）进行设置，如图 2-22（b）所示。选择前者，则文本框中输入的是相对屏幕大小的百分比；选择后者，则文本框中输入的是点的绝对大小。

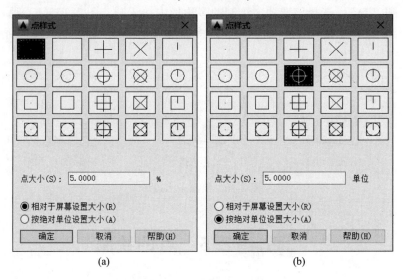

图 2-22　点样式对话框

2.5.2　定数等分点

定数等分是以固定的份数在选定的对象上绘制等分点。在手工绘图中很难实现，但在 AutoCAD 中，可以通过相关命令轻松完成。

1. 执行方法

◇　菜单栏："绘图"→"点"→"定数等分"。

◇　功能区："默认"→"绘图"下拉菜单→"定数等分"。

◇　命令行：DIVIDE（快捷命令：DIV）。

2. 操作步骤

```
命令:Divide↙
选择要定数等分的对象:指定被等分的对象
输入线段数目或 [块(B)]:指定实体的等分数
```

图 2-23 所示为圆周等分成 8 份的示例。

3. 操作说明

等分数目范围为 2 ~ 32 676。

在等分处，按当前点样式设置画出等分点。

在第二提示行选择"块（B）"选项时，表示在等分处插入指定的块。要对指定的块进行设置，可选择菜单栏"插入"→"块"命令。

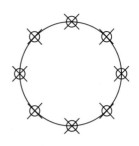

图 2-23　定数等分圆周

2.5.3　定距等分点

定距等分是以固定的距离在选定对象上绘制等分点。

进行定数等分或定距等分的对象可以是直线、多段线和样条曲线等，但不能是块、尺寸标注、文本及剖面线等对象。

1. 执行方法

菜单栏："绘图"→"点"→"定距等分"。

功能区："默认"→"绘图"→"定距等分"。

命令行：MEASURE（快捷命令：ME）。

2. 操作步骤

命令:Measure↙
选择要定距等分的对象:指定被等分的对象
输入线段长度或 [块(B)]:指定分段长度

图 2-24 所示为定距等分圆周的示例。

3. 操作说明

设置的起点一般是指定线的绘制起点。

在第二提示行选择"块（B）"选项时，表示在测量处插入指定的块。

在等分点处，按当前点样式设置绘制测量点。

最后一个测量段的长度不一定等于指定分段长度。

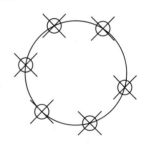

图 2-24　定距等分圆周

 习　题　2

1. 使用点命令中的定数等分将圆弧等分三段，如图 2-25 所示。参数：圆弧的起点（200，50）、终点（50，50）、半径 100 个单位。

2. 分别利用圆弧、多段线命令两种方法，绘制如图 2-26 所示的振荡回路，并简要写出步骤。

图 2-25　用点命令等分

图 2-26　振荡回路

3. 绘制集成电路块的连线，如图 2-27 所示。要求：先创建多线样式，组成多线的元素有 7 条直线，从上至下依次偏移为 3、2、1、0、−1、−2、−3；矩形的长为 12 个单位，宽为 24 个单位。

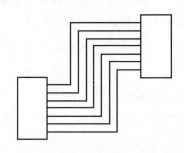

图 2-27　集成电路块的连线

4. 绘制如图 2-28 所示的逻辑图（尺寸自定）。

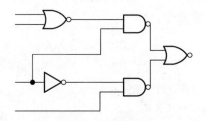

图 2-28　逻辑图

5. 绘制如图 2-29 所示的磁放大器基本结构图（尺寸自定）。

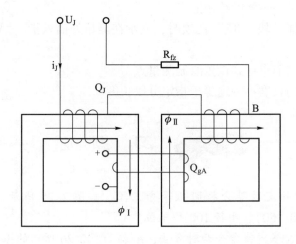

图 2-29　磁放大器基本结构图

第 3 章
二维图形的编辑

在 AutoCAD 中，使用绘图命令和绘图工具只能绘制一些基本的图形，为了快速地绘制复杂的图形，大多情况下都要用到图形的编辑命令。AutoCAD 2016 提供了很多种功能强大、使用灵活的编辑命令。运用这些命令用户可以对图形进行各种编辑操作，包括移动、复制、删除、缩放、修剪等。

3.1 对象的选择方式

对图形进行任何编辑和修改的时候，必须先选择对象。针对不同的情况，采用最佳的选择方式，能大幅度提高图形的编辑效率。

3.1.1 选择单个对象

如果选择的是单个图形对象，可以使用点选的方式，即直接通过点取的方式选择对象。

1. 点选

这是最常用也是系统默认的一种对象选择方式。直接将拾取光标移动到选择对象的上方，此时该图形对象会以虚线亮显表示，单击鼠标即可完成单个对象的选取。

2. 操作说明

点选方式一次只能选中一个对象，连续单击需要选择的对象，可以同时选择多个对象。在未调用任何命令的情况下，选择对象呈夹点编辑状态。调用编辑命令之后选择对象，选择的对象呈虚线显示状态。

按住【Shift】键并再次单击已经选择的对象，可以将这些对象从当前选择集中删除。按【Esc】键，可以取消对当前全部选定对象的选择。

3.1.2 选择多个对象

如果需要同时选择多个或者大量的对象，使用点选的方法不仅费力，而且容易出错。

此时，应该使用 AutoCAD 2016 提供的窗口、交叉窗口（又称窗交）、栏选等选择方法。

在命令行输入 SELECT 命令，在"选择对象"提示下输入"?"并按【Enter】键，可以查看 AutoCAD 所有的选择方法选项。

```
命令:SELECT↙
选择对象:?
* 无效选择 *
需要点或窗口(W)/上一个(L)/窗交(C)/框(BOX)/全部(ALL)/栏选(F)/圈围(WP)/圈交(CP)/编组
(G)/添加(A)/删除(R)/多个(M)/前一个(P)/放弃(U)/自动(AU)/单个(SI)/子对象(SU)/对象(O)
```

命令行选择模式主要选项含义如下：

（1）窗口选择（W）

以 W 回答命令行"选择对象:"提示，按住鼠标左键在绘图窗口中从左向右拉出矩形窗口，只有全部被窗口包围的图形对象被选中。

（2）交叉窗口选择（C）

以 C 回答命令行"选择对象:"提示，窗交选择方式与窗口选择方式相反，它需要从右往左拉出窗口，无论是全部或者部分位于窗口范围内的图形都将会被选中。

窗口选择时拉出的选择窗口为实线框，窗口颜色为蓝色。窗交选择时拉出的选择窗口为虚线框，窗口颜色为绿色。

（3）栏选（F）

栏选方式是通过绘制不闭合的栏选线选择对象。使用该方式选择图形时，按住鼠标左键拖出任意折线，凡是与折线相交的图形均被选中。使用该方式选择连续性对象非常方便，但栏选线不能封闭或相交。

（4）圈围（WP）和圈交（CP）

圈围与窗口选择对象的方法类似，不同的是圈围可以构建任意形状的多边形，完全包含在多边形窗口内的对象才能被选中，而圈交方式可以选中包含在内或者相交的对象，这与窗口和窗交选择方式之间的区别类似。

（5）框（BOX）

以 BOX 回答命令行"选择对象:"提示，根据绘制矩形的对角点的方向决定是 W 方式或是 C 方式，若矩形由左向右拉出则为 W 方式；若由右向左拉出则为 C 方式。这也是系统默认的选择对象方式，即不必输入选项，直接拖动矩形选择即可。

3.1.3　快速选择对象

快速选择功能可以快速筛选出具有特定属性（如图层、线型、颜色、图案填充等特性）的一个或多个对象。

1. 执行方法

◇　菜单栏:"工具"→"快速选择"。

◇　命令行: QSELECT。

执行该命令后，系统将弹出"快速选择"对话框，如图 3-1 所示，根据需要设置过滤条件，即可快速选择满足条件的所有图形对象。

2. 取消选择

若要取消所选择的对象，可以按【ESC】键，或在绘图区右击后，在弹出的快捷菜单中选择"全部不选"命令。

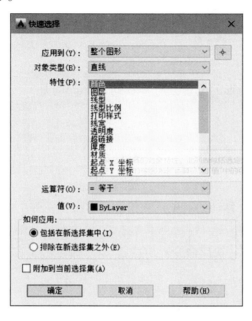

图 3-1 "快速选择"对话框

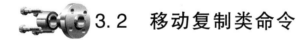 **3.2 移动复制类命令**

在 AutoCAD 中，一些编辑命令不改变编辑对象的形状和大小，只改变对象相对位置和数量。利用这些编辑功能，可以大大提高绘图的速度和效率。

3.2.1 移动命令

移动：对于已经绘制好的图形，有时候需要移动它们的位置。移动是从一个位置到另一个位置，而不改变图形的形状、大小以及倾斜角度。

1. 执行方法

◇ 菜单栏："修改"→"移动"。

◇ 功能区："默认"→"修改"→"移动" 。

◇ 快捷菜单：选择要移动的对象，在绘图区右击，在弹出的快捷菜单中选择"移动"命令。

◇ 命令行：MOVE（快捷命令：M）。

2. 操作步骤

> 命令：Move ↙
>
> 选择对象：选择要移动的对象，可以多选，右击鼠标结束选择对象。
>
> 指定基点或 [位移(D)] <位移>：基点指移动对象的定位点，再移动一段距离即可实现对象的移动。
>
> 指定第二个点或 <使用第一个点作为位移>：指出移动位移的第二个点；若直接按【Enter】键表示以第一点的坐标作为位移数值执行移动。

3.2.2   旋转命令

旋转：同样也能改变图形的位置，与"移动"不同的是，"旋转"是围绕着某点将图形对象旋转一定的角度。

1. 执行方法

◇   菜单栏："修改"→"旋转"。

◇   功能区："默认"→"修改"→"旋转"○。

◇   快捷菜单：选择要移动的对象，在绘图区右击，在弹出的快捷菜单中选择"旋转"命令。

◇   命令行：ROTATE（快捷命令：RO）。

2. 操作步骤

> 命令：Rotate ↙
>
> UCS 当前的正角方向：ANGDIR = 逆时针   ANGBASE = 0
>
> 选择对象：选择要做旋转的对象。
>
> 指定基点：指定旋转的基准点，在对象内部指定一个坐标点。
>
> 指定旋转角度或[复制(C)/参照(R)] <0>：给出旋转的角度，默认角度为零。

指定命令后可以选择在最下面的提示框中输入角度数值，也可以拖动鼠标输入一点，该点与基准点连线的正向夹角即为输入角。

3. 操作说明

"复制（C）"：选择该选项，可在旋转对象的同时保留原对象。

"参照（R）"：表示可以参照某个对象，旋转到与之平行的角度。系统提示如下：

> "指定参照角 <0>"：指定要参考的角度，默认值是 0。
>
> "指定新角度或点[(P)] <0>"：输入旋转后的角度值。在输入旋转角度时，逆时针旋转的角度为正值，顺时针旋转的角度为负值。

示例 3.1：绘制如图 3-2（a）~（c）所示指示灯符号。

步骤：

①首先绘制一个圆，如图 3-2（a）所示；

②在圆中绘制水平和垂直的两条直径，如图 3-2（b）所示；

③选中圆和两条直径，点取旋转命令，旋转角度输入：45，即得如图3-2（c）所示的指示灯符号。

(a)初步圆形　　　(b)绘制两条直径　　　(c)旋转角度

图3-2　指示灯符号的绘制

3.2.3　复制命令

复制：将选择的对象复制到指定位置。与"移动"命令相似，只不过在调用"复制"命令时，会在源图形位置处创建一个副本。

1. 执行方法

◇　菜单栏："修改"→"复制"。

◇　功能区："默认"→"修改"→"复制" 。

◇　快捷菜单：选择要移动的对象，在绘图区右击，在弹出的快捷菜单中选择"复制选择"命令。

◇　命令行：COPY。

2. 操作步骤

命令:Copy↙
选择对象:选择要复制的对象。

用选择对象的方法选择一个或多个对象，按【Enter】键结束选择操作，系统提示如下：

当前设置:复制模式=多个
指定基点或 [位移(D)/模式(O)] <位移>:指定基点或位移

3. 操作说明

"指定基点"：指定一个坐标点后，系统会出现以下提示：

指定第二个点或 [阵列(A)] <使用第一个点作为位移>:

指定第二点后，系统会根据这两点的位移矢量把选择的对象复制到第二点。完整复制后，系统会提示：

指定第二个点或 [阵列(A)/退出(E)/放弃(U)] <退出>:这时可以不断地指定新的第二点,从而实现多重复制。

"位移（D）"：使用坐标指定相对距离和方向。

"模式（O）"：控制命令是否自动重复（COPYMODE 系统变量）。选择后，系统提示如下：

输入复制模式选项 [单个(S)/多个(M)] <多个>:

"多个（M）"：一次选择对象多次复制。

"阵列（A）"：快速复制对象以呈现指定数目和角度的效果。

示例 3.2：绘制如图 3-3（a）、(b) 所示三相断路器符号。

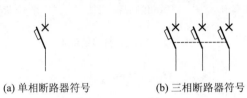

(a) 单相断路器符号   (b) 三相断路器符号

图 3-3　绘制三相断路器符号示例

步骤：

①首先运用直线、矩形命令绘制相应的直线段和一个尺寸适合的矩形。

②运用旋转、移动、打断命令绘制出单相断路器符号如图 3-3（a）所示（注意：修改线型可以在命令行输入"LT"命令后按空格键或【Enter】键，打开"线型管理器"对话框，单击"加载"按钮，加载或重载线型）。

③选择复制命令，选择复制的基点，进行水平两次复制，构成三相断路器，连接三相断口即得如图 3-3（b）所示的图形。

3.2.4　偏移命令

偏移：采用复制的方法生成等距离的图形。偏移对象包括直线、圆、圆弧、椭圆、椭圆弧等。

1. 执行方法

◇　菜单栏："修改"→"偏移"。

◇　功能区："默认"→"修改"→"偏移"。

◇　命令行：OFFSET。

2. 操作步骤

命令:Offset↙
当前设置:删除源 = 否　图层 = 源　OFFSETGAPTYPE = 0。
指定偏移距离或 [通过(T)/删除(E)/图层(L)] <通过>:指定距离值。
选择要偏移的对象,或 [退出(E)/放弃(U)] <退出>:选择要偏移的对象。按【Enter】键结束操作。
指定要偏移的那一侧上的点,或 [退出(E)/多个(M)/放弃(U)] <退出>:指定偏移方向。
选择要偏移的对象,或 [退出(E)/放弃(U)] <退出>:命令。

3. 操作说明

"通过（T）"：创建通过指定点的偏移对象。

"删除（E）"：偏移源对象后将其删除。

"图层（L）"：确定将偏移对象创建在当前图层上还是在源对象所在的图层上。

示例3.3：　绘制如图3-4（b）所示的5组间距相等的同心圆。

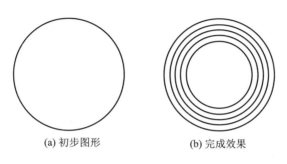

(a) 初步图形　　　　　　　(b) 完成效果

图 3-4　绘制同心圆

步骤：

①绘制一个半径为100的圆，如图3-4（a）所示。

②选择默认→修改→偏移命令。

③指定偏移距离或［通过(T)/删除(E)/图层(L)］＜通过＞：指定距离值为10。

④选择要偏移的对象，或［退出(E)/放弃(U)］＜退出＞：选择要偏移的对象为原图像。连续操作4次即可完成，如图3-4（b）所示。

3.2.5　镜像命令

镜像：是一种特殊的复制命令，通过镜像形成的图像与源对象相对于对称轴为对称关系。

1. 执行方法

◇　菜单栏："修改"→"镜像"。

◇　功能区："默认"→"修改"→"镜像"　。

◇　命令行：MIRROR。

2. 操作步骤

命令:Mirror↙
选择对象:选择要镜像的对象
指定镜像线的第一点:指定镜像线的第一点
指定镜像线的第二点:指定镜像线的第二点

要删除源对象吗？[是(Y)/否(N)] <否>：是否删除源对象。输入字母 Y，表示把源对象删除不保留，相当于镜像移动；输入字母 N，表示保留源对象，相当于镜像复制。

示例 3.4： 绘制如图 3-5（b）所示整流桥电路。

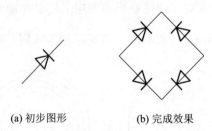

(a) 初步图形   (b) 完成效果

图 3-5　绘制整流桥电路

步骤：

①绘制一个二极管，如图 3-5（a）所示。

②单击功能区"默认"→"修改"→"镜像"按钮，选择整个二极管为镜像对象，选择斜线下断点为第一点，打开正交模式指定水平方向任意一点为第二点，不删除源对象，即可完成左半部分。

③继续单击功能区"默认"→"修改"→"镜像"按钮，选择上一步完成的图形为镜像对象，选择斜线下断点为第一点，在正交模式下，指定竖直方向任意一点为第二点，不删除源对象，即可完成如图 3-5（b）所示的整流桥电路。

3.2.6　阵列命令

阵列：复制等命令一次只能复制得到一个对象副本，如果要按照一定的规律大量复制图形，可以使用"阵列"命令。该命令可以按矩形、环形、路径三种方式快速复制图形。

1. 执行方法

◇　菜单栏："修改"→"阵列"。

◇　功能区："默认"→"修改"→"阵列" ⊞ 。

◇　命令行：ARRAY。

2. 操作步骤

命令：ARRAY ↙

选择对象：使用对象选择方法

输入阵列类型 [矩形(R)/路径(PA)/极轴(PO)] <路径>：PA

类型 = 路径　关联 = 是

选择路径曲线：使用对象选择方法

选择夹点以编辑阵列或 [关联(AS)/方法(M)/基点(B)/切向(T)/项目(I)/行(R)/层(L)/对齐项目 (A)/z方向(Z)/退出(X)] <退出>:I

指定沿路径的项目之间的距离或[表达式(E)] <237.1123>:指定距离

最大项目数=1

选择夹点以编辑阵列或 [关联(AS)/基点(B)/计数(COU)/间距(S)/列数(COL)/行数(R)/层数(L)/退出(X)] <退出>:

3. 操作说明

"切向（T）"：控制选定对象是否将对于路径的起始方向重定向（旋转），然后再移动到路径的起点。

"表达式（E）"：使用数学公式或方程式获取值。

"关联（AS）"：指点是否在阵列中创建项目作为关联阵列对象，或作为独立对象。

"z方向（Z）"：控制是否保持项目的原始 Z 方向或沿三维路径自然倾斜项目。

"基点（B）"：指定阵列的基点。

"项目（I）"：编辑阵列中的项目数。

"行（R）"：指定阵列中的行数和行间距，以及它们之间的增量标高。

"层（L）"：指定阵列中的层数和层间距。

"对齐项目（A）"：指定是否对齐每个项目以及路径的方向相切。对齐相对于第一个项目的方向。

"退出（X）"：退出命令。

3.3　图形变形类命令

前面介绍的编辑命令在对对象进行编辑后，编辑对象的几何特性不发生改变。但是图形变形类的编辑命令，会改变编辑图形的几何特性。

3.3.1　缩放命令

缩放：将对象按指定的比例因子相对于基点放大或缩小。

1. 执行方法

◇　菜单栏："修改"→"缩放"。

◇　功能区："默认"→"修改"→"缩放" 🔲。

◇　快捷菜单：选择要移动的对象，在绘图区右击，在弹出的快捷菜单中选择"缩放"命令。

◇　命令行：SCALE（快捷命令：SC）。

2. 操作步骤

```
命令:Scale↙
选择对象:选择要缩放的对象
指定基点:指定缩放的基点
指定比例因子或 [复制(C)/参照(R)]:指定缩放的比例
```

3. 操作说明

"比例因子":缩小和放大的比例值,大于 1 时,缩放结果为放大图形;小于 1 时,缩放结果为缩小图形;等于 1 时,图形不变。

"复制(C)":创建要缩放对象的副本,即保留源对象。

"参照(R)":按照参照对象的长度和指定的新长度缩放所选对象。

3.3.2 延伸命令

延伸:是以某些图形为边界,将线段延伸至图形的边界处与之精确相交。

1. 执行方法

◇ 菜单栏:"修改"→"延伸"。

◇ 功能区:"默认"→"修改"→"延伸" ⊢⁄。

◇ 命令行:EXTEND(快捷命令:EX)。

2. 操作步骤

```
命令:Extend↙
当前设置:投影=UCS,边=无
选择边界的边.
选择对象或 <全部选择>:指定对角点:找到 1 个
选择对象或 <全部选择>:选择对象边界
选择边界对象后,系统提示如下:
选择要延伸的对象,或按住【Shift】键选择要修剪的对象,或[栏选(F)/窗交(C)/投影(P)/边(E)/放弃(U)]:
```

3. 操作说明

选择对象时,如果按住【Shift】键,系统将自动将"延伸"命令改为"修剪"命令。

延伸的过程分别如图 3-6(a)~(c)所示。

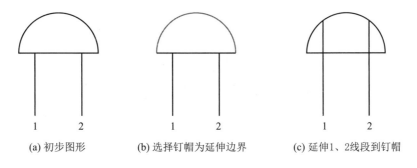

<table>
<tr><td>(a) 初步图形</td><td>(b) 选择钉帽为延伸边界</td><td>(c) 延伸1、2线段到钉帽</td></tr>
</table>

图 3-6　延伸功能操作示意图

3.3.3　拉伸命令

拉伸：在一个方向上按指定的尺寸拉长和压缩图形对象。拉伸命令是通过改变端点位置来拉伸或缩短图形对象，在操作过程中，除了操作对象外，其他图形对象间的几何关系保持不变。

1. 执行方法

◇　菜单栏："修改"→"拉伸"。

◇　功能区："默认"→"修改"→"拉伸"。

◇　命令行：STRETCH。

2. 操作步骤

```
命令:Stretch↙
以交叉窗口或交叉多边形选择要拉伸的对象。
选择对象:
指定第一个角点:指定对角点
指定基点或 [位移(D)] <位移>:指定拉伸的基点
指定第二个点或 <使用第一个点作为位移>:指定拉伸的移至点
```

3. 操作说明

通过单击选择和窗口选择获得的拉伸对象将只被平移，不被拉伸。

通过交叉选择获得的拉伸对象，如果所有夹点都落入选择框内，图形将发生平移；如果只有部分夹点落入选择框，图形将沿拉伸位移拉伸；如果没有夹点落入选择框，图形将保持不变。

拉伸的过程分别如图 3-7（a）~（c）所示。

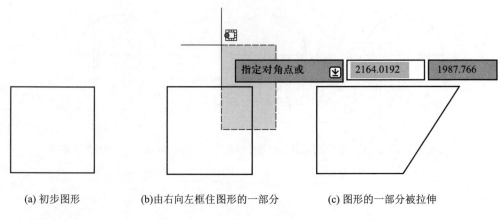

(a) 初步图形　　　　(b)由右向左框住图形的一部分　　　(c) 图形的一部分被拉伸

图 3-7　拉伸操作的过程示意图

3.3.4　拉长命令

拉长：改变原图形的长度，可以将原图形拉长，也可以将原图像缩短。

1. 执行方法

◇　菜单栏："修改" → "拉长"。

◇　功能区："默认" → "修改" → "拉长" 。

◇　命令行：LENGTHEN（快捷命令：LEN）。

2. 操作步骤

命令:Lengthen↙
选择要测量的对象或 [增量(DE)/百分数(P)/全部(T)/动态(DY)]:选定对象

3. 操作说明

"增量（DE）"：即给出长度或角度增加的绝对数值。

"百分数（P）"：输入的新长度是原长的百分数，从而改变圆弧或直线段的长度。

"全部（T)"：输入值为改变后的新的长度或角度，与原长度或角度无关。

"动态（DY)"：打开动态拖动模式，在这种模式下，可以使用拖动鼠标的方法来动态地改变对象的长度或角度。

图 3-8（a）中的一段直线和一段圆弧分别被拉长为原长的 120% 时的效果如图 3-8（b）所示，操作确定后，尺寸标注也会相应改变为新的长度。

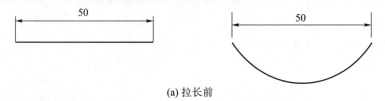

(a) 拉长前

图 3-8　直线和圆弧的拉长操作

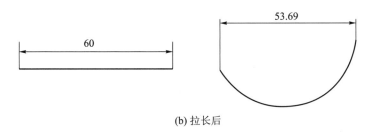

(b) 拉长后

图 3-8　直线和圆弧的拉长操作（续）

3.3.5　倒角命令

倒角：用斜线连接两个不平行的线型对象以形成倒角效果。两个对象可以是两个直线段、构造线、射线和多段线等。

1. 执行方法

◇　菜单栏："修改" → "倒角"。

◇　功能区："默认" → "修改" → "倒角" ⌒。

◇　命令行：CHAMFER。

2. 操作步骤

命令:Chamfer↙

("修剪"模式)当前倒角距离 1 = 0.0000,距离 2 = 0.0000

选择第一条直线或 [放弃(U)/多段线(P)/距离(D)/角度(A)/修剪(T)/方式(E)/多个(M)]:选择第一条或别的选项,然后输入倒角数值。

选择第二条直线,或按住【Shift】键选择直线以应用角点或 [距离(D)/角度(A)/方法(M)]:选择第二条直线。

3. 操作说明

"多段线（P）"：对整条二维多段线倒角，相交多段线段在每个多段线顶点被倒角。

"距离（D）"：设定倒角至选定边端点的距离。如果将两个距离均设为 0，将延伸或修剪两条直线，以使他们终止于同一点。

"角度（A）"：可以设定倒角的距离和倒角的角度。

"修剪（T）"：控制 Chamfer 是否将选定的边修剪到倒角直线的端点。

"方式（E）"：确定按什么方法倒角。执行时，可选择按距离或按角度倒角。

"多个（M）"：可以一次完成多个倒角操作。

⊙ 注意：

不能倒角或看不出来倒角差别时，说明倒角距离或者角度过大或者过小。

图 3-9 所示为修剪和不修剪倒角的效果。

图 3-9　修剪和不修剪倒角效果图

3.3.6　圆角命令

"圆角"与"倒角"命令相似，只是"圆角"命令以圆弧过渡。

1. 执行方法

◇　菜单栏："修改"→"圆角"。

◇　功能区："默认"→"修改"→"圆角" ⌐。

◇　命令行：FILLET（快捷命令：F）。

2. 操作步骤

```
命令:fillet↙
当前设置：模式＝修剪,半径＝0.0000
选择第一个对象或 [放弃(U)/多段线(P)/半径(R)/修剪(T)/多个(M)]:选择第一条或别的选项。
选择第二个对象,或按住【Shift】键选择对象以应用角点或 [半径(R)]:选择第二个对象。
```

3. 操作说明

"多段线（P）"：对二维多段线端点处插入圆滑的弧，选择多段线后，系统会根据指定的圆弧半径把多段线各顶点用圆滑的弧连接起来。

"半径（R)"：确定倒圆角的圆角半径。首次操作时要在选择对象前先设定半径，系统默认数值为零。

"修剪（T)"：确定倒圆角操作时边界的修剪模式，同"倒角"操作。

"多个（M)"：可以一次完成多个圆角操作，而不用重新启用命令。

将图 3-10（a）所示图形进行圆角操作后，形成图 3-10（b）所示效果。

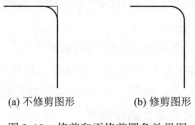

(a) 不修剪图形　　　　　　(b) 修剪图形

图 3-10　修剪和不修剪圆角效果图

3.3.7　打断命令

打断命令用于将直线或弧段分解成多个部分，或者删除直线或弧段的某个部分。

1. 执行方法

◇　菜单栏："修改"→"打断"。

◇　功能区："默认"→"修改"→"打断" ⌴ ⌷。

◇　命令行：BREAK（快捷命令：BR）。

2. 操作步骤

命令:Break↙

选择对象:选择要打断的对象。

指定第二个打断点 或 [第一点(F)]:指定第二个断开点或输入 F。

3. 操作说明

如果选择"第一点（F）"，AutoCAD 2016 将丢弃前面的第一个选择点，重新提示用户指定两个断开点。

示例 3.5：　打断于一点和两点的两条线段比较。图 3-11（a）所示为原线段，选中后有线段的固定三个节点，起点、中点和终点。图 3-11（b）为打断于一点后选中的效果，很显然，线段已分为两条线段。图 3-12 所示为打断于一点和打断于两点的对比。打断于一点，线段虽然断开但看不到断口，而打断于两点则可以看见明显的断口，如图 3-12（b）所示。

(a) 原线段　　　　　　(b) 打断于一点后　　　　　(a) 原图　　　　　　　　(b) 打断后
　　　　　　　　　　　　　　　　　　　　　　　　　　　　　　　　（上图打断于一点，下图打断于两点）

图 3-11　线段打断于一点的效果　　　　图 3-12　打断于一点和打断于两点效果比较

3.3.8　修剪命令

修剪命令可以准确地以某一线段为边界删除多余的线段。

1. 执行方法

◇　菜单栏："修改"→"修剪"。

◇　功能区："默认"→"修改"→"修剪" ⊹。

◇　命令行：TRIM。

2. 操作步骤

命令:Trim↙
当前设置:投影 = UCS,边 = 无
选择剪切边。
选择对象或 < 全部选择 >:选择一个或多个对象并按【Enter】键,或者按【Enter】键选择所有显示的
对象。

按【Enter】键结束对象选择,系统提示如下:

选择要修剪的对象,或按住【Shift】键选择要延伸的对象,或[栏选(F)/窗交(C)/投影(P)/边(E)/删
除(R)/放弃(U)]。

3. 操作说明

"边(E)":确定对象是在另一对象的延长边处进行修剪还是仅在三维空间中与该对象相交的对象处进行修剪。

"栏选(F)":选择与选择栏相交的所有对象,选择栏是一系列临时线段,它们是用两个或多个栏选点指定的。选择栏不构成闭合环。

"窗交(C)":选择矩形区域(由两点确定)内部或与之相交的对象。

"投影(P)":指定修剪对象时用投影方式。

"删除(R)":删除选定对象。此项提供了一种用来删除不需要的对象的简便方法,而无须退出 Trim 命令。

> **⊙ 注意:**
> 被选择的对象和被修剪的对象可以互为边界,系统在选择对象中自动判断边界。

📌 示例 3.6： 绘制如图 3-13(d)所示电铃符号。

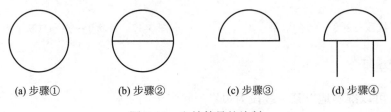

(a) 步骤①　　　(b) 步骤②　　　(c) 步骤③　　　(d) 步骤④

图 3-13　电铃符号的绘制

📎 步骤：

①首先绘制一个圆,如图 3-13(a)所示。

②在圆中绘制水平的直径,如图 3-13(b)所示。

③点取修剪命令,选择圆的直径为修剪边界,修剪部分是圆的下部,如图 3-13(c)所示。

④在合适的位置绘制两条等长的线段,电铃符号即绘制完成,如图 3-13(d)所示。

3.3.9 合并命令

合并：合并两个相似对象以形成完整的一个整体。合并的对象可以是直线、开放的多段线、圆弧、椭圆弧或开放的样条曲线。合并命令可以视为打断命令的逆操作。

1. 执行方法

◇ 菜单栏："修改" → "合并"。

◇ 功能区："默认" → "修改" → "合并" ⸺。

◇ 命令行：JOIN（快捷命令：J）。

2. 操作步骤

命令:join↙
选择源对象或要一次合并的多个对象:选择一个对象
选择要合并的对象:选择另一个对象

选择要合并的对象如图 3-14（a）所示；执行合并命令后，椭圆弧的合并如图 3-14（b）所示。

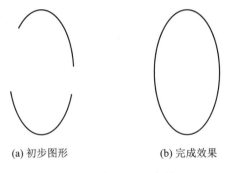

(a) 初步图形　　　　　　　(b) 完成效果

图 3-14　椭圆弧的合并

3.3.10 分解命令

分解：将复合的对象分解成多个基本对象。使用分解命令可以把复杂的图形对象或用户定义的块分解成简单的基本图形对象，以便编辑图形。

1. 执行方法：

◇ 菜单栏："修改" → "分解"。

◇ 功能区："默认" → "修改" → "分解" 凾。

◇ 命令行：EXPLODE。

2. 操作步骤

命令:Explode↙
选择对象:选择要分解的对象

3. 操作说明

命令执行后，选择的组合对象被分解成多个基本对象。如图 3-15 所示，右侧矩形是左侧矩形复制后被分解的图形，同样点选矩形的下边界，图 3-15（a）选中整个矩形，图 3-15（b）只选中一条边，矩形已被分解为单个的线段。

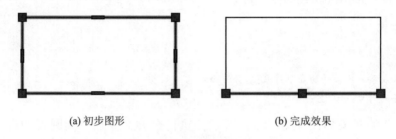

(a) 初步图形   (b) 完成效果

图 3-15   矩形分解前后比较

选择对象不同，分解的结果就不同，下面列出几种对象的分解结果：

"二维和优化多段线"：放弃所有关联的宽度或切线信息。对于宽多段线，将沿多段线的中心放置结果直线和圆弧。

"注释性对象"：分解一个包含属性的块，将删除属性值并重新显示属性定义。无法分解使用命令 MINSERT 和外部参照插入的块及其依赖块。

"体"：分解成一个单一表面的体（非平面表面）、面域或曲线。

"圆"：如果位于非一致比例的块内，则分解为椭圆。

"引线"：不同的引线可分解为直线、样条曲线、实体（箭头）、块插入（箭头、注释块）、多行文字或公差对象。

"网格对象"：将每个面分解成独立的三维面对象，保留指定的颜色和材质。

"多行文字"：分解成文字对象。

"多段线"：分解成直线或圆弧。

"多面网格"：单顶点网格分解成点对象，双顶点网格分解成直线，三顶点网格分解成三维面。

"面域"：分解成直线、圆弧或样条曲线。

 ## 3.4   删除与恢复类命令

这一类命令主要用于删除图形的某部分或对于已被删除的部分进行恢复，包括删除、恢复和清除等命令。

3.4.1　删除命令

删除：如果绘制的图形不符合要求或不小心绘制错误，可以使用"删除"命令进行删除。

1. 执行方法

◇　菜单栏："修改"→"删除"。

◇　功能区："默认"→"修改"→"删除"。

◇　命令行：ERASE。

2. 操作步骤

可以先选择对象，后调用"删除"命令，也可先调用"删除"命令，然后选择对象。选择对象时可以使用前面介绍的各种方法。

选择多个对象时，多个对象都被删除。若选择的对象属于某个对象组，则该对象组的所有对象都被删除。

3.4.2　恢复命令

恢复：如果不小心误删了图形，可以使用"恢复"命令恢复误删的对象。

1. 执行方法

◇　快速访问工具栏："放弃"。

◇　菜单栏："编辑"→"放弃"。

◇　快捷键：【Ctrl + Z】。

◇　命令行：Oops 或 U。

2. 操作步骤

在命令行中输入"Oops"后按【Enter】键。

3.4.3　清除命令

清除：与"删除"命令功能相同。

1. 执行方法

◇　菜单栏："编辑"→"删除"。

◇　快捷键：【Delete】。

2. 操作步骤

进行上述操作后，系统提示如下：

> 选择对象:选择要清除的对象,按【Enter】键执行"清除"命令。

示例 3.7：　绘制三相异步电动机全压启动单向运转控制电路。

综合运用打断、延伸、复制以及镜像等命令，绘制三相异步电动机全压启动单向运转控制电路（本例所绘图形为电路示意图，方便学生掌握相关电路图的绘制方法），如图 3-16 所示。

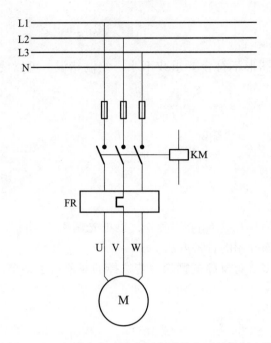

图 3-16　三相异步电动机全压启动单向运转控制电路

步骤:

①设定绘图区域大小为 1 000×1 000。

②打开极轴追踪、对象捕捉及自动追踪功能。设置极轴追踪角度增量为 "15",设定对象捕捉方式为全部选中。

③用 LINE 命令绘制主体图。

a. 绘制线段 L1,线段的长度为 60。

b. 设置偏移距离为 5,依次向下偏移 3 次,结果如图 3-17(a)所示。

c. 捕捉线段 L1 的中点,竖直向下绘制长为 70 的线段 L5,再将其左右各偏移一次,偏移距离为 7,形成线段 L4 和 L6,结果如图 3-17(b)所示。

d. 修剪多余线条,结果如图 3-17(c)所示。

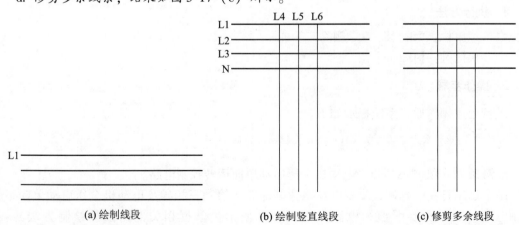

(a) 绘制线段　　　　　(b) 绘制竖直线段　　　　　(c) 修剪多余线段

图 3-17　绘制主接线图

④绘制保险丝、过流保护电路及接触器，并修剪图形。

a. 利用矩形命令分别绘制 1.6×6、24×6、8×6 的 3 个矩形，如图 3-18 所示。

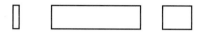

图 3-18　绘制矩形

b. 依次选择 3 个矩形上边的中点作为基准点进行移动，移动至图 3-19（a）所示的适当位置，并复制 1.6×6 的矩形两次，结果如图 3-19（a）所示。

c. 捕捉 A 点并向下追踪 2，确定线段第一点，然后水平向左移动光标，捕捉追踪与线段 L4 的交点作为线段第二点。然后向下偏移该线段，偏移距离为 2，结果如图 3-19（b）所示。

d. 修剪多余线条，结果如图 3-19（c）图所示。

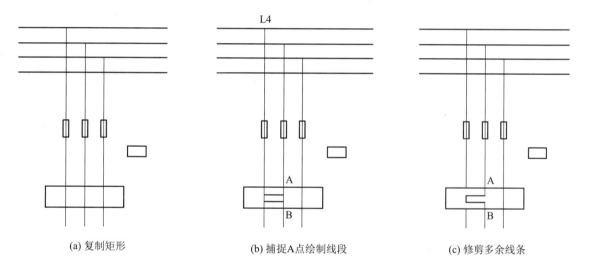

(a) 复制矩形　　　　　　　　(b) 捕捉A点绘制线段　　　　　　　(c) 修剪多余线条

图 3-19　移动并复制图形

e. 在图中合适位置以 E 为基点，斜向 120°绘制长度为 8 的线段 EF，以 F 为基点向右绘制水平线到 L6。再以 E 为基点，向右复制 EF 两次，然后捕捉 EF 中点为基点向右作水平线延伸到继电器线圈，结果如图 3-20（a）所示。

f. 绘制接触器静触点圆，半径为 0.7，结果如图 3-20（b）所示。

g. 删除过 F 点水平辅助线，修剪触点成半圆，然后修剪掉其余相应部分，结果如图 3-20（c）所示。

h. 绘制电动机。其半径为 12，圆心为距 L5 下端点向下 12 的位置。然后连接线段，结果如图 3-21 所示。

给继电器线圈添加纵向线段，并注写文字（在后续章节会介绍），结果如图 3-16 所示。

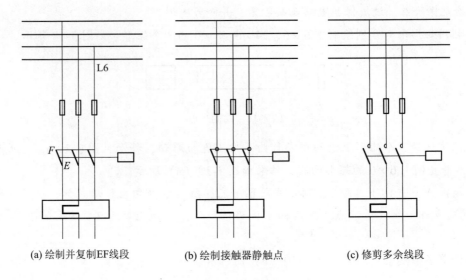

(a) 绘制并复制EF线段　　　(b) 绘制接触器静触点　　　(c) 修剪多余线段

图 3-20　绘制接触器触点

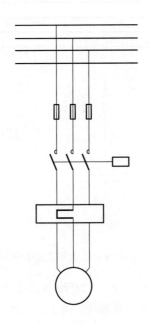

图 3-21　绘制电动机

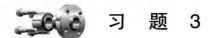 习　题　3

1. 使用镜像图形命令进行练习，完成如图 3-22 所示图形的绘制：

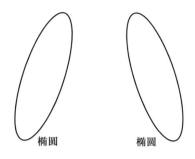

图 3-22 椭圆的镜像复制

2. 完成如图 3-23 所示的图形绘制，线段长为 15，线段之间的宽度为 5，简要写出步骤。可运用偏移及环形阵列的方法完成。

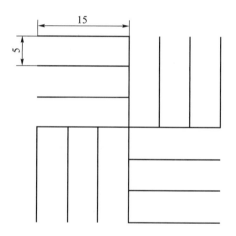

图 3-23 阵列练习 1

3. 绘制出如图 3-24（b）所示的图形，写出简要步骤。其中，图 3-24（b）中的基本构成单元如图 3-24（a）所示，注意环形、矩形阵列的应用。

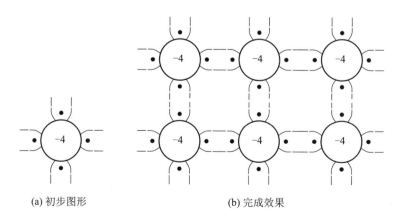

(a) 初步图形　　　　　　　　　　(b) 完成效果

图 3-24 阵列练习 2

4. 运用圆角、镜像、修剪等命令，绘制如图 3-25 所示图形。参数如图，不必标注。简要写出步骤。

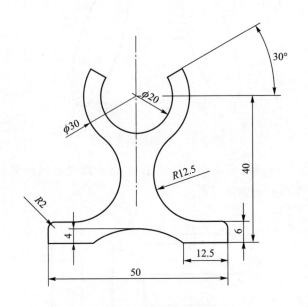

图 3-25　圆角、镜像、修剪多命令练习

5. 用多线、修剪等命令完成房屋框架的绘制，如图 3-26 所示。

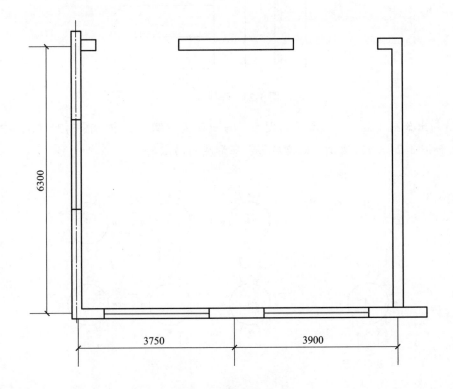

图 3-26　房屋结构图

6. 绘制配电变压器防雷接线图（尺寸自定），如图 3-27 所示。

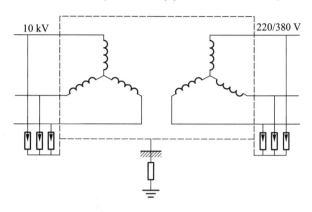

图 3-27　配电变压器防雷接线

7. 绘制充电器电路原理图（尺寸自定），如图 3-28 所示。

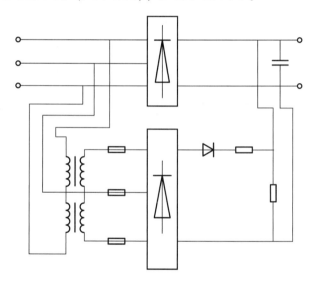

图 3-28　充电器电路原理图

第4章
辅助绘图工具

在 AutoCAD 2016 工作界面的状态栏上有一排特殊的按钮，功能是辅助绘图，在绘图的过程中能起到很大的作用。本章节将依次介绍各个辅助绘图工具的功能及使用方法。

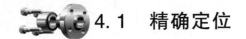 ## 4.1 精确定位

精确定位工具指能够帮助用户快速准确地定位某些特殊点（如端点、中点、圆心等）和特殊位置（如水平位置、垂直位置）的工具，包括"捕捉模式""栅格显示""正交模式""极轴追踪""对象捕捉""对象捕捉追踪""允许/禁止动态输入 UCS""动态输入""显示/隐藏线宽""快捷特性"10 个功能开关按钮，这些工具（功能开关）集中在绘图区状态栏中。

4.1.1 栅格显示

"栅格"是一些标定位置的小点，起到坐标纸的作用，可以提供直观的距离和位置参照。利用栅格可以对齐对象并直观显示对象之间的距离。若要提高绘图的速度和效率，可以显示并捕捉栅格结点，还可以控制其间距、角度和对齐。其执行方法有以下几种：

◇ 菜单栏："工具"→"绘图设置"。

◇ 状态栏：单击"栅格"按钮▦。

◇ 快捷键：【F7】。

◇ 命令行：GRIDDISPLAY。

4.1.2 栅格捕捉

建筑图、机械图中有固定长宽的图元，可以运用栅格捕捉来辅助绘图，提高效率。

1. 执行方法

◇ 菜单栏："工具"→"绘图设置"。

◇ 状态栏：单击"捕捉模式"按钮▦。

◇　快捷键：【F9】。

◇　命令行：SNAPMODE。

通过状态栏和快捷键方式只能打开和关闭捕捉和显示栅格功能。通过启动标志可以打开"捕捉和栅格"设置对话框，如图4-1所示。这里可以设置捕捉的最小间距和栅格最小间距等。

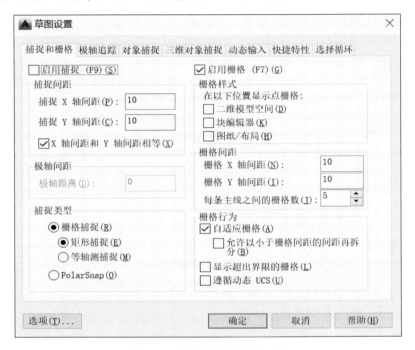

图 4-1　"捕捉和栅格"选项卡

2. 操作步骤

在"栅格"或"捕捉"工具上右击鼠标选择"设置"命令，弹出图4-1所示的"草图设置"对话框。

3. 操作说明

"捕捉 X 轴间距/捕捉 Y 轴间距"：确定捕捉栅格点在水平和垂直两个方向上的间距，间距值必须为正实数。

"X 轴间距和 Y 轴间距相等"：勾选此项时，捕捉间距和栅格间距强制使用同一 X 和 Y 数值。不勾选此项，二者可以不同。

"栅格 X 轴间距/栅格 Y 轴间距"：指定 X/Y 方向上的栅格间距。如果该值为 0，则 AutoCAD 会自动捕捉栅格间距。

"捕捉类型"：确定捕捉的类型。其中，"栅格捕捉"是指按正交位置捕捉位置点；"矩形捕捉"是指捕捉栅格是标准的矩形；"等轴测捕捉"是指捕捉栅格和光标的十字线不再相互垂直，而是成绘制等轴测图的特定角度。

4.1.3　正交模式

在画线和移动对象时，可使用正交模式使光标只在水平或垂直方向移动，从而画出水平线或垂直线，以及在水平或垂直方向移动对象。

1. 执行方法

◇　状态栏：单击"正交"限制开关按钮⬛

◇　快捷键：【F8】

◇　命令行：ORTHO

2. 操作步骤

打开正交模式，输入起点，用鼠标控制方向，直接输入直线的长度。

📐 **示例4.1：** 请在正交模式下，画出如图4-2所示图形。

📎 **步骤：**

命令：＜栅格　关＞

命令：＜正交　开＞

命令：_line

指定第一个点：

指定下一点或［放弃（U）］：50（鼠标向下移动）

指定下一点或［放弃（U）］：50（鼠标向右移动）

指定下一点或［闭合（C）/放弃（U）］：C

图 4-2　利用正交绘图

 **4.2　对象捕捉**

在绘图的过程中，经常要指定一些已有对象上的点，如端点、中点、圆心、节点等来进行精确定位。"对象捕捉"功能可以迅速、准确捕捉到这些特殊点，从而精确地绘制图形。

4.2.1　单一对象捕捉

单一对象捕捉：一种暂时的、单一的捕捉模式，每次操作可以捕捉到一个特殊点，操作后捕捉功能关闭。实现方法有以下几种：

◇　菜单栏："工具"→"工具栏"→"AutoCAD"→"对象捕捉"，弹出格式栏 ⬛

◇　快捷键：在绘图区任意位置，按住【Shift】键不放，同时右击鼠标，弹出的快捷菜单如图4-3所示。

◇　命令行：输入相应捕捉模式的前三个字母。例如端点（END）、中点（MID）等（具体命令见表4-1）。

图 4-3　对象捕捉快捷菜单

表 4-1　对象捕捉模式的命令及其功能

名称	功能说明
端点（END）	捕捉到对象（如圆弧、直线、多线、多段线线段、样条曲线、面域或三维对象）的最近端点或角
中点（MID）	捕捉到对象（如圆弧、椭圆、直线、多段线线段、面域、样条曲线、构造线或三维对象的边）的中点
圆心（CEN）	捕捉到圆、圆弧、椭圆或椭圆弧的中心点
几何中心	捕捉到多段线、二维多段线和二维样条曲线的几何中心点
节点（NODE）	捕捉到点对象、标注定义点和标注文字原点
象限点（QUA）	捕捉到圆弧、圆、椭圆或椭圆弧的象限点
交点（INT）	捕捉到对象（如圆弧、圆、椭圆、直线、多段线、射线、面域、样条曲线或构造线的交点）。"延伸交点"不能用作执行对象捕捉模式
延长线（EXT）	当光标经过对象的端点时，显示临时延长线或圆弧，以便用户在延长线或圆弧上指定点
插入点（INS）	捕捉到对象（如属性、块或文字）的插入点
垂足（PER）	捕捉到对象（如圆弧、圆、椭圆、椭圆弧、直线、多线、多段线、射线、面域、三维实体、样条曲线或构造线）的垂足
切点（TAN）	捕捉到圆弧、圆、椭圆、椭圆弧或样条曲线的切点
最近点（NEA）	捕捉到对象（如圆弧、圆、椭圆、椭圆弧、直线、点、多段线、射线、样条曲线或构造线）的最近点
外观交点（APP）	捕捉在三维空间中不相交但在当前视图中看起来可能相交的两个对象的视觉交点
平行线（PAR）	将直线段、多段线线段、射线或构造线限制为与其他线性对象平行

4.2.2　自动对象捕捉

自动对象捕捉：能自动捕捉到已经设定的特殊点，是一种长期的、多效的捕捉模式。

1. 执行方法

◇　状态栏：单击"对象捕捉"按钮 。

◇　快捷键：【F3】。

打开"对象捕捉"设置选项卡的方法如下：

◇　菜单栏："工具"→"工具栏"→"AutoCAD"→"对象捕捉"。

◇　状态栏：右击"对象捕捉"按钮或单击"对象捕捉"下拉按钮，在弹出的快捷菜单中选择"对象捕捉设置"命令。

◇　命令行：OSNAP 或 DSETTINGS。

工具 和快捷键【F3】是打开和关闭自动对象捕捉功能的按钮，是开关式按钮。对象捕捉功能的设置方式中三种方法都可以打开"对象捕捉"设置选项卡，如图 4-4 所示。

勾选相应的选项可以设定某种对象捕捉点，也可以全部选择和全部清除选项。

注意：

正交、对象捕捉等命令是透明命令，可在其他命令执行过程中操作，而不中断原命令。

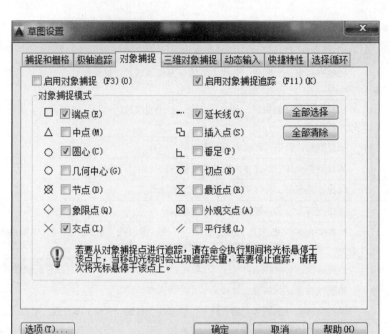

图 4-4 "对象捕捉"设置选项卡

2. 操作步骤

当光标放在某一对象上时，系统会自动捕捉到所有符合条件的几何特征点，并显示相应标记。

示例 4.2： 请利用对象捕捉功能，画出如图 4-5 所示图形。

步骤：

命令:_line
指定第一个点：
指定下一点或[放弃(U)]:50
指定下一点或[放弃(U)]:*取消*
打开"对象捕捉"功能
命令:_line
指定第一个点:_tt 指定临时对象追踪点：
指定第一个点:20
指定下一点或[放弃(U)]:_par 到 50
指定下一点或[放弃(U)]:*取消*

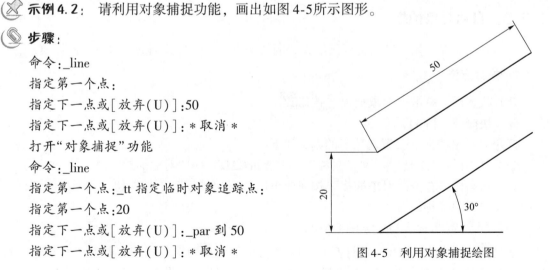

图 4-5 利用对象捕捉绘图

4.3 对象追踪

对象追踪包括极轴追踪和对象捕捉追踪功能，可以使用户在特定的角度和位置绘制图形。当该功能开启后，在执行绘图时屏幕会出现临时辅助线，帮助用户在指定的角度和位置上精确地绘出图形对象。

极轴追踪是在用户确定起始点后，系统自动在设定的方向显示出当前点的坐标、极径长度、角度等，如图4-6所示。对象捕捉追踪是在用户确定起始点后，系统会基于指定的捕捉点沿指定方向追踪，如图4-7所示。

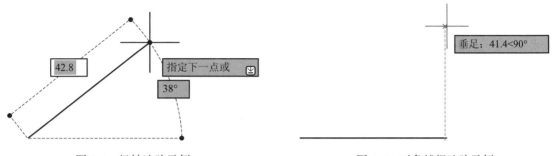

图 4-6　极轴追踪示例　　　　　　　　　图 4-7　对象捕捉追踪示例

1. 执行方法

打开"极轴追踪"功能的方式如下：

◇　状态栏：单击"极轴追踪"按钮 。

◇　快捷键：【F10】。

打开"对象捕捉追踪"功能的方式如下：

◇　状态栏：单击"对象捕捉追踪"按钮 。

◇　快捷键：【F11】。

2. 操作步骤

按照预先设定的角度增量显示追踪线，输入长度。

4.3.1　极轴追踪

在"草图设置"对话框中打开"极轴追踪"设置选项卡，如图4-8所示。

"启用极轴追踪"复选框：用于打开或关闭极轴追踪，也可以通过按【F10】键或使用AUTOSNAP系统变量来打开或关闭极轴追踪。

"极轴角设置"选项组：用于设定极轴追踪的角度。在"增量角"下拉列表框中设定用来显示极轴追踪对齐路径的极轴角增量，既可以输入任何角度，也可以从该下拉列表中选择90°、45°、30°、22.5°、18°、15°、10°或5°这些常用角度。当勾选"附加角"复选框时，则对极轴追踪使用列表中设定的附加角，单击"新建"按钮可添加新的角度（最多可以添加10个附加极轴追踪对齐角度）。附加角度是绝对的，而非增量的。

"对象捕捉追踪设置"选项组：在该选项组中设定对象捕捉追踪选项。选择"仅正交追踪"单选按钮时，若对象捕捉追踪已打开，则仅显示已获得的对象捕捉点的正交对象捕捉追踪路径；选择"用所有极轴角设置追踪"单选按钮时，将极轴追踪设置应用于对象捕捉追踪，使用捕捉追踪时光标将从获取的对象捕捉点起沿极轴对齐角度进行追踪。

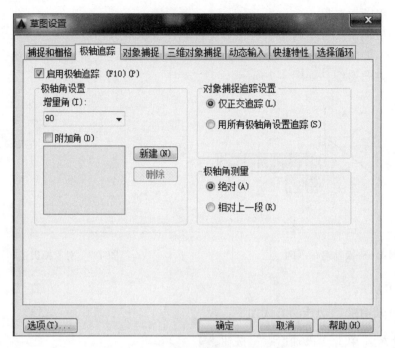

图 4-8 "极轴追踪"设置选项卡

"极轴角测量"选项组：在该选项组中设定测量极轴追踪对齐角度的基准，"绝对"单选按钮用于根据当前 UCS 确定极轴追踪角度，"相对上一段"单选按钮用于根据上一个绘制线段确定极轴追踪角度。

4.3.2 对象捕捉追踪

对象捕捉追踪通常与对象捕捉一起使用。使用对象捕捉追踪，可以沿着基于对象捕捉点的对齐路径进行追踪。一次最多可以获取 7 个追踪点，获取点之后，当在绘图路径上移动光标时，将显示相对于获取点的水平、垂直或极轴对齐路径。例如，可以基于对象中点、端点或交点，沿着某个路径选择一点。默认情况下，对象捕捉追踪将设定为正交（见图 4-8）。对齐路径将显示在始于已获取的对象点的 0°、90°、180°和 270°这些角度的方向上。若允许用户使用极轴追踪角度代替，在正交对象捕捉追踪时，需关闭极轴追踪。

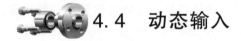 ## 4.4 动态输入

在 AutoCAD 2016 中，使用动态输入功能可以在指针位置显示标注和命令提示等信息，从而极大地方便了绘图。

当用户启动"动态输入"功能后，其工具栏提示将在光标附近显示信息，该信息会随着光标的移动而动态更新。在输入字段中输入值并按【Tab】键后，该字段将显示一个锁定图标，并且光标会受用户输入值的约束；随后可以在第二个输入字段中输入值。另外，如果用户输入值后按【Enter】键，则第二字段被忽略，且该值将被视为直接距离进行输入。

动态输入功能效果显示，如图 4-9 所示。

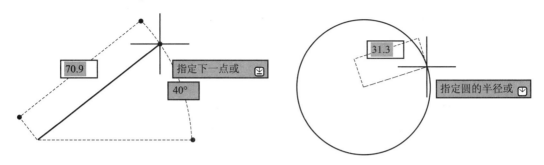

图 4-9　应用动态输入功能完成直线和圆的绘制

1. 执行方法

◇　状态栏：单击"动态输入"按钮。
◇　快捷键：【F12】。

2. 操作说明

"动态输入"设置可以在"草图设置"对话框中选择"动态输入"选项卡，如图 4-10 所示。

图 4-10　"动态输入"设置选项卡

"指针输入"：勾选"启用指针输入"复选框表示打开指针输入。如果同时打开指针输入和标注输入，那么标注输入在可用时将取代指针输入。如果在"指针输入"选项组中单击"设置"按钮，将打开图 4-11 所示的"指针输入设置"对话框，可以控制指针输入工具提示的设置。

若指针（光标）输入处于启用状态且命令正在运行，十字光标的坐标位置将显示在光标附近的工具提示输入框中，此时可以在工具提示中输入坐标，而不用在命令行输入。要在工具提示中输入坐标，务必要注意：第二个点和后续点的默认设置为相对极坐标（对于RECTANG命令，为相对笛卡儿坐标），不需要输入"@"符号；如果需要使用绝对坐标，则使用"#"符号作为前缀。例如，要将对象移到原点，则在提示输入第二个点时，输入"#0.0"。

"标注输入"：可以设置在需要时启用标注输入。标注输入不适用于某些提示输入第二点的命令。启用标注输入时，当命令提示用户输入第二个点或距离时，将显示标注和距离值与角度值的工具提示，标注工具提示中的值将随着光标的移动而更改。此时用户可以在工具提示中输入值，而不用在命令行输入值。

在"标注输入"选项组中单击"设置"按钮，将打开图 4-12 所示的"标注输入的设置"对话框，从中控制标注输入工具提示的设置。

"动态提示"：是指需要时将在光标旁边显示工具提示中的提示，以完成命令。

在"动态提示"选项组的预览区域显示了动态提示的样例，可以设置"在十字光标旁边显示命令提示和命令输入"，以及设置"随命令提示显示更多提示"。

图 4-11　"指针输入设置"对话框

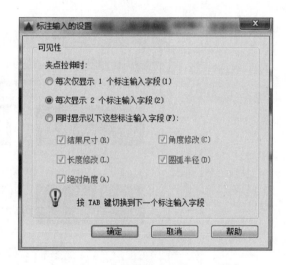

图 4-12　"标注输入的设置"对话框

 ## 4.5　参数化图形

使用过其他 CAD 设计软件（如 SolidWorks 等）的设计人员对尺寸驱动的概念肯定不会陌生，但对于一直使用 AutoCAD 的人员来说，可能对于尺寸驱动还不十分熟悉。尺寸驱动就是绘图时可以先不考虑尺寸大小，把图形结构画好后，再使用标注尺寸输入正确的尺寸，最后运用对象约束，把图形强制"驱动"到要求的大小。如在 SolidWorks 中线条尺寸是随意的，由标注上去的尺寸数值来控制。对象约束包括几何约束和标注约束。

4.5.1 几何约束

几何约束用于将几何对象关联在一起，或者指定固定的位置或角度。几何约束用于确定二维对象间或对象上各点间的几何关系，如平行、垂直、同心或重合等。例如，可添加平行约束使两条线段平行，添加重合约束使两点重合等。

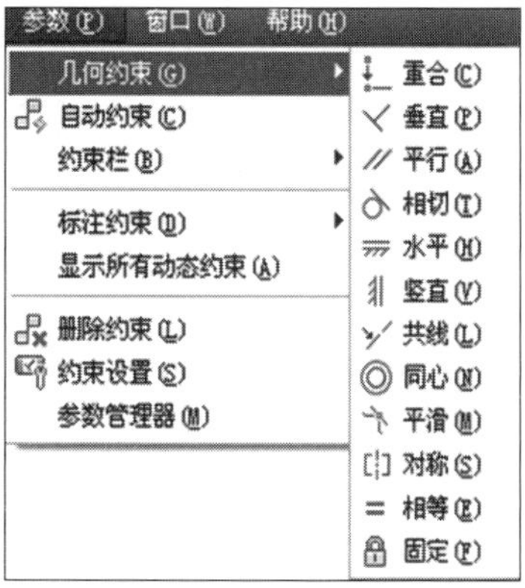

1. 执行方法

◇ 菜单栏："参数" → "几何约束"。
◇ 功能区："参数化" → "几何"。
◇ 命令行：GEOMCONSTRAINT。

2. 操作说明

图 4-13 几何约束菜单

几何约束的菜单栏和功能区选项卡分别如图 4-13 和图 4-14 所示。

图 4-14 几何约束工具栏

几何约束的种类与功能说明见表 4-2。

表 4-2 几何约束的种类及其功能

图标	名称	功能说明
	自动约束	将多个几何约束应用于选定的对象
	重合	约束两个点使其重合，或者约束一个点使其位于对象或对象延长部分的任意位置
	共线	约束两条直线，使其位于同一无限长的线上，应将第二条选定直线设为与第一条共线
	同心	约束选定的圆、圆弧、或椭圆，使其具有相同的圆心点，第二个选定对象将为与第一个对象同心
	固定	约束一个点或一条曲线，使其固定在相对于世界坐标系的特定位置和方向上
	平行	约束两条直线，使其具有相同的角度
	垂直	约束两条直线或多段线线段，使其夹角始终保持为 90°
	水平	约束一条直线或一对点，使其与当前 UCS 的 X 轴平行，对象上的第二个选定点将设定为与第一个选定点水平
	竖直	约束一条直线或一对点，使其与当前 UCS 的 Y 轴平行，对象上的第二个选定点将设定为与第一个选定点垂直
	相切	约束两条曲线，使其彼此相切或其延长线彼此相切
	平滑	约束一条样条曲线，使其与其他样条曲线、直线、圆弧或多段线彼此相连并保持 G2 连续性
	对称	约束对象上的两条曲线或两个点，使其以选定直线为对称轴彼此对称
=	相等	约束两条直线或多段线线段使其具有相同长度，或约束圆弧和圆使其具有相同半径值

示例4.3：绘制任意图形，如图 4-15（a）所示，应用水平约束、竖直约束和相等约束把它改成以 AB 为边长的正方形，如图 4-15（b）所示（注意：单击"相等约束"按钮后，鼠标先单击 AB 后再单击其他边）。

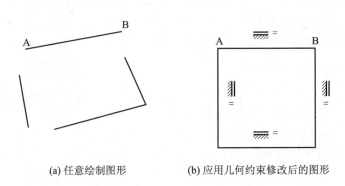

(a) 任意绘制图形　　　　　　(b) 应用几何约束修改后的图形

图 4-15　几何约束示例

"约束设置"对话框是向用户提供的控制"几何约束"、"标注约束"和"自动约束"设置的工具。在"参数化"选项卡的"几何"组中单击右下角的扩展按钮 ，会弹出"约束设置"对话框，如图 4-16 所示。

图 4-16　"约束设置"对话框

"几何"选项卡控制约束栏上约束类型的显示。选项卡中各选项及按钮的含义如下：

"推断几何约束"复选框：勾选此复选框，在创建和编辑几何图形时推断几何约束。

"约束栏显示设置"：此选项组用来控制约束栏的显示。取消勾选，在应用几何约束时将不显示约束栏，反之则显示。

"全部选择"按钮：单击此按钮，将自动全部选择所有选项。

"全部清除"按钮：单击此按钮，将自动清除勾选。

"仅为处于当前平面中的对象显示约束栏"复选框：勾选此复选框，仅为当前平面上受几何约束的对象显示约束栏，主要用于三维建模空间。

"约束栏透明度"：设定图形中约束栏的透明度。

"将约束应用于选定对象后显示约束栏"复选框：勾选此复选框，手动应用约束后或使用 AUTOCONSTRAIN 命令时显示相关约束栏。

"选定对象时显示约束栏"复选框：临时显示选定对象的约束栏。

4.5.2 标注约束

标注约束用于控制设计的大小和比例。它们可以约束对象之间或对象上的点之间的距离，对象之间或对象上的点之间的角度，以及圆弧和圆的大小。如图 4-17 所示，改变标注约束，则约束将驱动对象发生相应的变化。这正是"参数化"绘图的体现。

图 4-17 标注约束示例

1. 执行方法

◇ 菜单栏："参数" → "标注约束"。

◇ 功能区："参数化" → "标注"。

◇ 命令行：DIMCONSTRAINT。

2. 操作说明

标注约束的菜单栏和工具栏选项卡分别如图 4-18 和图 4-19 所示。

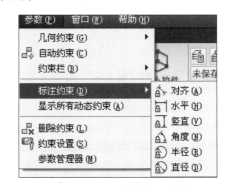

图 4-18 "几何约束"菜单

图 4-19 "标注约束"工具栏

标注约束的种类、转换与功能说明见表 4-3。

表 4-3　标注约束的种类、转换及其功能

图标	名称	功能说明
	线性约束	约束两点之间的水平或垂直距离（选定直线或圆弧后，对象的端点之间的水平或垂直距离将受到约束）
	对齐约束	约束对象上两个点之间的距离，或者约束不同对象上两个点之间的距离
	半径约束	约束圆或圆弧的半径
	直径约束	约束圆或圆弧的直径
	角度约束	约束直线段或多段线线段之间的角度、由圆弧或多段线圆弧段扫掠得到的角度，或对象上三个点之间的角度
	约束转换	将标注转换为标注约束（可通过下拉列表应用标注约束，也可以将现有标注转化为标注约束）
	显示动态约束	显示或隐藏选定对象的动态标注约束

标注约束分为两种形式，动态约束和注释性约束。默认情况下是动态约束，系统变量 CCONSTRAINTFORM 为 0。若改为 1 则为注释性约束。

"动态约束"：标注外观由固定的预定义标注样式决定，不能修改，不被打印，在缩放过程中动态约束保持相同大小。

"注释性约束"：标注外观由当前标注样式控制，可以修改，可以打印，在缩放过程中注释性约束的大小发生变化。

动态约束和注释性约束可以相互转换。选择标注约束，右击鼠标，在弹出的快捷菜单中选择"特性"命令，打开对象特性对话框，在"约束形式"下拉列表中改变标注约束的形式即可。

3. 编辑标注约束

 注意：

　　添加标注约束的顺序一般是：先定形，后定位；先大尺寸，后小尺寸。

在"参数化"选项卡的"标注"面板右下角单击"约束设置，标注"按钮 ，会弹出"约束设置"对话框，如图 4-20 所示。

"标注名称格式"：为应用"标注约束"时显示的文字指定格式，包括"名称"、"值"、和"名称和表达式"三种格式，分别如图 4-21（a）～（c）所示。

"为注释性约束显示锁定图标"复选框：针对已应用注释性约束的对象显示锁定图标。

"为选定对象显示隐藏的动态约束"复选框：显示选定时已设定为隐藏的动态约束。

图 4-20　"标注"设置选项卡

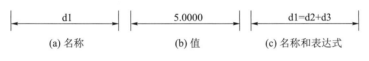

(a) 名称　　　　　　　　　(b) 值　　　　　　　(c) 名称和表达式

图 4-21　标注名称格式

4.5.3　自动约束

"自动约束"选项卡主要控制应用于选择集的约束，以及使用 AUTOCONSTRAIN 命令时约束的对应顺序，如图 4-22 所示。

图 4-22　"自动约束"选项卡

此选项卡中各选项、按钮的含义如下：

"上移"按钮：将所选的约束类型向列表前面移动。

"下移"按钮：将所选的约束类型向列表后面移动。

"全部选择"按钮：选择所有几何约束类型以进行自动约束。

"全部清除"按钮：全部清除所选几何约束类型。

"重置"按钮：单击此按钮，将返回到默认设置。

"相切对象必须共用同一交点"复选框：指定两条曲线必须共用一个点（在距离公差内指定）以便应用相切约束。

"垂直对象必须共用同一交点"复选框：指定直线必须相交或者一条直线的端点必须与另一条直线或直线的端点重合（在距离公差内指定）。

"公差"：设定可接受的公差值以确定是否可以应用约束。"距离"公差应用于重合、同心、相切和共线约束；"角度"公差应用于水平、竖直、平行、垂直、相切和共线约束。

示例 4.4：绘制如图 4-23（a）所示的任意四边形，利用几何约束和标注约束把它修改为边长为 800，500 的平行四边形，如图 4-23（d）所示。

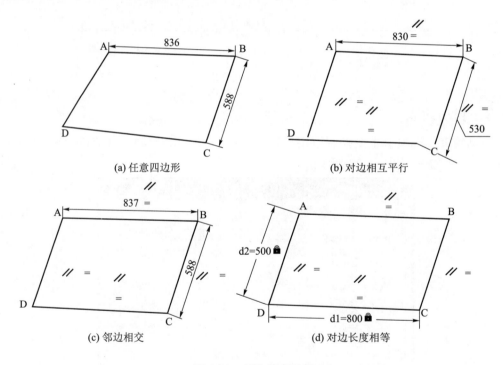

(a) 任意四边形　　　　　　　(b) 对边相互平行

(c) 邻边相交　　　　　　　　(d) 对边长度相等

图 4-23　标注约束示例

步骤：

①任意绘制一个四边形，如图 4-23（a）所示。

②运用几何约束中的平行约束，先选线段 AB，再选线段 DC，使二者平行；同样操作使 AD 与 BC 平行，如图 4-23（b）所示；

③调整个线段位置，如图 4-23（c）所示；

④运用标注约束，选择对齐标注，分别设定 DC 长度为 800，AD 长度为 500，使用 TR 命令将多余的长度修剪掉即可。最后效果图如图 4-23（d）所示。

4.6　夹点设置

在 AutoCAD 中，可以使用不同类型的夹点和夹点模式来以其他方式重新塑造、移动或操纵对象。在没有"选择对象"命令提示下，使用定点设备（如鼠标）选择对象时，在所选对象上将显示有默认蓝色的小方格，有些对象还显示有小三角形，这便是夹点，如图 4-24 所示。需要用户注意的是锁定图层上的对象不会显示夹点。选择夹点后，用户可以使用默认点模式编辑对象或在夹点上右击以访问夹点编辑选项，而不是输入命令。可以从选定对象上的选定夹点访问的编辑选项有"拉伸""移动""旋转""缩放"和"镜像"。

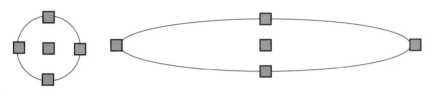

图 4-24　显示对象夹点

4.6.1　夹点功能设置

在菜单栏选择"工具"→"选项"命令，打开"选项"对话框，可通过"选项"对话框的"选择集"选项卡来设置夹点参数，如图 4-25 所示。

在"选择集"选项卡中包含了对夹点选项的设置，这些设置主要有：

"夹点尺寸"：确定夹点小方块的大小，可通过调整滑块的位置来设置。

"夹点颜色"：单击该按钮，可打开"夹点颜色"对话框，如图 4-26 所示。此对话框中可对夹点未选中、悬停、选中几种状态，以及夹点轮廓的颜色进行设置。

各选项说明如下：

- "夹点大小"：用于调整特征点方格的大小。
- "未选中夹点颜色"：用于设置未选中的特征点方格的颜色（默认为蓝色）。
- "选中夹点颜色"：用于设置选中的特征点方格的颜色（默认为红色）。
- "悬停夹点颜色"：用于未选中特征点时，鼠标指针停在特征点方格时的颜色显示（默认为橙色）。

"显示夹点"：设置 AutoCAD 夹点功能是否有效。"显示夹点"复选框下面有几个复选框，用于设置夹点显示的具体内容。

- "在块中显示夹点"：用于确定块中夹点是否可用方式。
- "显示夹点提示"：用于设置当光标位于特征点时，是否出现提示夹点类型的说明。
- "选择对象时限制显示的夹点数"：设置对象夹点的最多个数，默认为 100 个。

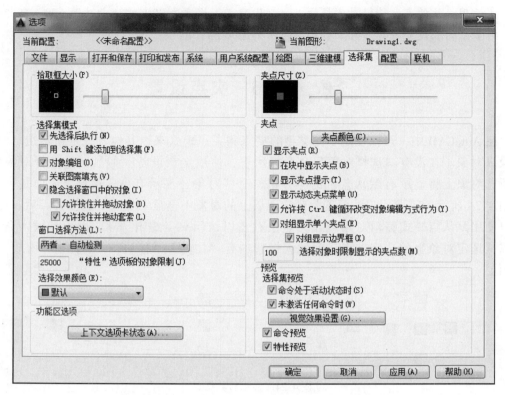

图 4-25　"选择集"选项卡中关于夹点的设置选项

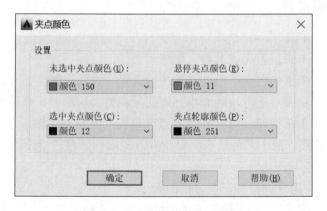

图 4-26　"夹点颜色"对话框

4.6.2　夹点编辑

单击对象，对象将显示夹点（默认为蓝色），再单击夹点将亮显夹点（默认为红色）。

1. 操作步骤

①选中对象，再选中一个夹点。

②依次按【Enter】键，系统循环显示拉伸、移动、旋转、缩放、镜像五种操作。

③选中某个操作后，根据命令行的提示完成该操作。

④输入 U，则放弃前一步操作。

⑤输入 X 按【Enter】键，则结束夹点编辑。

2. 操作说明

拉伸、移动、旋转、缩放、镜像模式的"复制"选项都能进行多重复制，连续得到多次拉伸、移动、旋转、缩放、镜像的结果。

（1）拉伸

①对圆、椭圆、弧等，若选中的夹点位于圆周上，则拉伸功能等效于对半径（椭圆则是长轴或短轴）进行缩放。

②对圆环，若选中的夹点位于 0°、180°方向的象限点，或位于 90°、270°方向的象限点时，拉伸的结果不同，如图 4-27 所示。

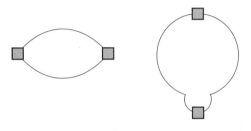

图 4-27　对圆环的 0°、180°夹点拉伸和 90°、270°夹点拉伸的效果

③如果同时选取多个夹点对象，则只有选定拉伸基点的对象被拉伸。若要拉伸多个对象，则选择要拉伸的若干个对象，按住【Shift】键并单击多个夹点以亮显这些夹点，释放【Shift】键并通过单击夹点选择一个夹点作为基准夹点，激活夹点的"拉伸"模式，选定的多个对象被拉伸。

（2）移动

如果同时选取多个夹点对象，则这些对象同时移动。

（3）旋转、缩放、镜像

①默认情况是把选择的夹点作为操作的基点，然后旋转/缩放/镜像对象即可，也可以用"基点（B）"选项设置新的基点。

②如果同时选取多个夹点对象，则这些对象同时旋转、缩放或镜像。

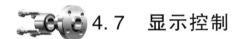 ## 4.7　显示控制

在 AutoCAD 绘图中，免不了要对视图显示进行放大或缩小操作，例如需要对图形进行细节观察时，可以适当地放大视图显示比例以显示图形中的细节部分；需要观察全部图形时，可以根据情况适当缩小视图的显示比例。可以说，视图平移和视图缩放是 AutoCAD 的产品中最常用的两个工具，它们是用户操作后利用视图功能浏览图形以检查、修改或删除几何图元的方式。对于视图，还可以对其进行"重画""重生成"或"全部重生成"操作。

4.7.1 视图缩放

缩放视图可以增加或减少图形对象的屏幕显示尺寸，但对象的真实尺寸保持不变。通过改变显示区域和图形对象的大小，更准确、更详细地绘图。

1. 执行方法

◇ 菜单栏："视图"→"缩放"→"实时"命令或子菜单的其他命令。

◇ 功能区："默认"→"修改"→"缩放"。

◇ 右键菜单：在绘图区域右击，选择右键快捷菜单中的"缩放"命令。

◇ 命令行：ZOOM。

2. 操作说明

菜单栏中的"缩放"菜单命令如图 4-28 所示。

选择菜单栏"视图"→"显示"→"导航栏"命令，或右侧显示的导航栏，如图 4-29 所示。

图 4-28 "缩放"菜单命令

图 4-29 视图缩放的相关工具

各缩放工具的功能说明见表 4-4。

表 4-4 缩放工具的功能说明

图 标	名 称	命 令	功 能 说 明
Q	实时缩放	ZOOM→↙	图形随鼠标的拖动任意放大或缩小。向上拖动，图形放大，向下拖动，图形缩小
Q	上一个	ZOOM→P	显示前一个缩放的视图
Q	窗口	ZOOM→W	用鼠标在绘图区拉出一个矩形窗口，图形将窗口内的图形最大化地显示在绘图区
Q	动态	ZOOM→D	通过两个边框来选择屏幕和图纸上的显示内容

图　标	名　称	命　令	功　能　说　明
⊗	比例	ZOOM→S	按指定的缩放比例数值进行缩放
⊕	中心	ZOOM→C	改变视图的中心点或高度来缩放视图。指定一点作为新的显示中心，输入显示高度，或输入相对于当前图形的缩放系数（后跟字母 x）
◎	对象	ZOOM→O	系统提示选择缩放对象，选择对象后，以"窗口"形式缩放
⊕	放大	ZOOM→2	单击该按钮一次，将放大 1 倍，成为当前的 2 倍
⊖	缩小	ZOOM→0.5	单击该按钮一次，将缩小为当前的 0.5 倍
◎	全部	ZOOM→A	将绘图界面中的所有图元显示出来
◎	范围	ZOOM→E	最大限度地将图形全部显示在绘图区域

　　鼠标滚轮操作：鼠标上的两个按钮之间有一个小滚轮。左右按钮的功能和标准鼠标一样。滚轮可以转动或按下。可以使用滚轮在图形中进行缩放和平移，而无须使用任何命令。默认情况下，缩放比例设为 10%；每次转动滚轮都将按 10% 的增量改变缩放级别。系统变量 ZOOMFACTOR 控制滚轮转动（无论向前还是向后）的增量变化。其数值越大，增量变化就越大。

　　鼠标滚轮操作及其功能见表 4-5。

表 4-5　鼠标滚轮操作及其功能

操　作	功　能
转动滚轮：向前，放大；向后，缩小	放大或缩小
双击滚轮	缩放到图形范围
按住滚轮并拖动鼠标	平移
按住【Ctrl】键以及滚轮按钮并拖动鼠标	平移（操纵杆）

4.7.2　视图平移

　　平移图形用于观察图形的不同部分。

　　使用方法与视图缩放类似。其操作步骤如下：

　　①执行平移操作后，若移动到图形的边沿时，光标就变成一个三角形显示。

　　②使用"缩放"按钮和"平移"按钮可以进行相应的切换，也可以利用右键快捷菜单进行缩放和平移之间的切换。

　　③按【Esc】键或按【Enter】键退出缩放和平移操作，也可以右击鼠标在弹出的快捷菜单中选择"退出"命令，实现退出缩放和平移操作。

4.7.3　重画与重生成

　　"重画"功能就是刷新显示所有视口。当控制点标记打开时，可使用"重画"功能将所有视口中编辑命令留下的点标记删除。

"重生成"功能可在当前视口中重生成整个图形并重新计算所有对象的屏幕坐标，还会重新创建图形数据库索引，从而优化显示和对象选择的性能。

1. 视图重画执行方法

◇ 菜单栏："视图" → "重画"。

◇ 快速访问工具栏："重做"。

◇ 命令行：REDRAW。

重画功能执行前后对比，如图 4-30 所示。

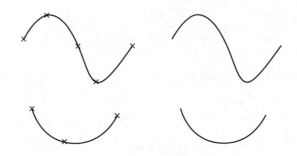

图 4-30   重画功能执行前后对比

2. 视图重生成执行方法

◇ 菜单栏："视图" → "重生成"。

◇ 快速访问工具栏："重做"。

◇ 命令行：REGEN（快捷命令：RE）。

重生成功能执行前后对比，如图 4-31 所示。

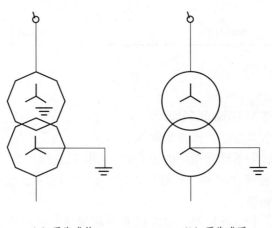

（a）重生成前   （b）重生成后

图 4-31   重生成功能执行前后对比

习　题　4

1. 使用极轴追踪功能，绘制如图 4-32 所示图形。

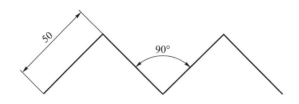

图 4-32　极轴追踪绘制

2. 利用正交、对象捕捉等绘图工具，绘制如图 4-33 所示图形。

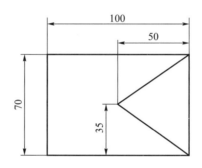

图 4-33　正交及对象捕捉绘制

3. 在图 4-34（a）的基础上绘制如图 4-34（b）所示的效果图（利用几何约束）。

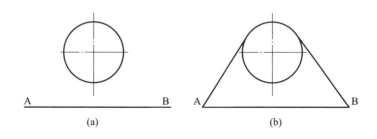

（a）　　　　　　　　　　　　　（b）

图 4-34　切线练习

4. 先绘制如图 4-35（a）所示的图形，参数：矩形长为 60 个单位，宽为 30 个单位，内含圆半径为 10 个单位。通过夹点编辑，再使用拉伸命令，使其长度沿 X 轴正方向增大 30 个单位，如图 4-35（b）所示。简要写出步骤。

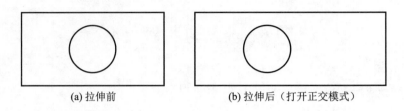

(a) 拉伸前　　　　　　　　　(b) 拉伸后（打开正交模式）

图 4-35　拉伸命令的使用

5. 绘制如图 4-36 所示的图形。

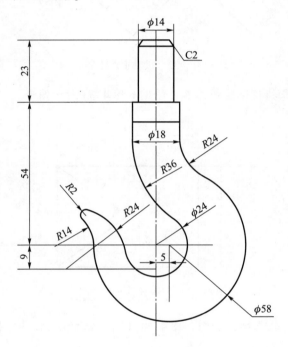

图 4-36　综合应用练习

第5章

面域、填充和图块

面域可用于应用填充和着色、计算面域或三维实体的质量特性，以及提取设计信息（例如形心）。填充是一种使用指定线条图案、颜色来充满指定区域的操作。图形中如果有大量相同或相似的内容，可以把要重复绘制的图形创建成块，简化绘图过程并可以系统地组织任务，提高绘图效率。

 ## 5.1　面域

面域是具有物理特性的二维封闭区域。封闭区域可以是直线、多段线、圆、圆弧、椭圆弧和样条曲线及其组合，组成面域的对象必须闭合或通过其他对象共享端点而形成闭合的区域，如图5-1所示。

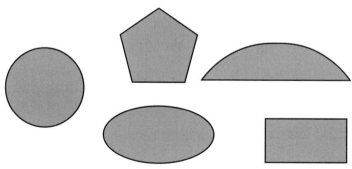

图 5-1　形成面域的图形

在构建三维实体时可以将面域作为拉伸或旋转操作的基础图形，能更精准而方便地构建模型。

5.1.1　创建面域

面域的创建方法有多种，可以使用"面域"命令或"边界"命令来创建，还可以使用

"三维建模"空间的"并集"、"交集"或"差集"命令来创建。

所谓面域,其实就是实体的表面。它是一个没有厚度的二维实心区域,具备实体模型的一切特性,不但含有边的信息,还有边界内的信息。可以利用这些信息计算工程属性,如面积、重心和惯性矩等。

1. 执行方法

◇ 菜单栏:"绘图"→"面域"。

◇ 功能区:"默认"→"绘图"下拉菜单→"面域" 。

◇ 命令行:REGION。

2. 将单个对象转化成面域

面域不能直接创建,而是通过其他闭合图形进行转化。在激活"面域"命令后,只需要选择封闭的图形对象即可将其转化为面域,如圆、矩形、正多边形等。

当闭合对象被转化为面域后,看上去并没有什么变化,如果对其进行着色后就可以区分开,如图 5-2 所示。

3. 从多个对象中提取面域

使用"面域"命令,只能将单个闭合对象或由多个首尾相连的闭合区域转化成面域。如果用户需要从多个相交对象中提取面域,则可以使用"边界"命令。在"边界创建"对话框中,将"对象类型"设置为"面域",如图 5-3 所示。

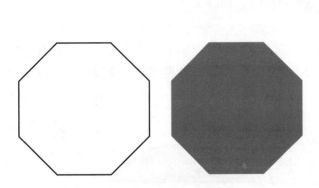

图 5-2　几何线框和几何面域

图 5-3　"边界创建"对话框

5.1.2 对面域进行逻辑计算

1. 创建并集面域

"并集"命令用于两个或两个以上的面域(或实体)组合成一个新的对象,如图 5-4 所示。

执行"并集"命令的方法有以下几种:

◇ 菜单栏:"修改"→"实体编辑"→"并集"。

◇ 命令行:UNION。

2. 创建差集面域

"差集"命令用于从一个面域或实体中,移去与其相交的面域或实体,从而生成新的组合实体。

执行"差集"命令的方法有以下几种：

◇　菜单栏："修改"→"实体编辑"→"差集"。

◇　命令行：SUBTRACT。

3. 创建交集面域

"交集"命令用于将两个或两个以上的面域或实体所共用的部分，提取出来组合成一个新的图形对象，同时删除公共部分以外的部分。

执行"交集"命令的方法有以下几种：

◇　菜单栏："修改"→"实体编辑"→"交集"。

◇　命令行：INTERSECT。

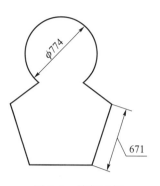

图 5-4　并集示例

5.1.3　使用 MASSPROP 提取面域质量特性

MASSPROP 命令是对面域进行分析的命令，分析的结果可以存入文件。

在命令行输入 MASSPROP 命令后，打开如图 5-5 所示的窗口，在绘图区单击选择一个面域，释放鼠标左键再右击，分析结果就显示出来了。

```
命令: MASSPROP
选择对象: 找到 1 个
选择对象:
--------------  面域  --------------
面积:              70778.1169
周长:              1122.2453
边界框:            X: 1607.9466  --  2092.4339
                   Y: 1049.6350  --  1310.7055
质心:              X: 1850.1902
                   Y: 1156.3781
惯性矩:            X: 94879376295.9339
                   Y: 2.4304E+11
惯性积:            XY: -1.5143E+11
旋转半径:          X: 1157.8076
                   Y: 1853.0773
主力矩与质心的 X-Y 方向:
                   I: 234144520.4944 沿 [1.0000 0.0000]
                   J: 756738991.3432 沿 [0.0000 1.0000]
```

图 5-5　AutoCAD 文本窗口

示例 5.1：　绘制出如图 5-6 所示图形。

要求：在图 5-6 基础上，分别使用并集、差集和交集绘制出图 5-7、图 5-8 和图 5-9。

步骤：

（1）并集面域

①选择"绘图"菜单中的"面域"命令，根据 AutoCAD 命令行提示，将刚绘制的两个图形转化为圆形面域和多边形面域。命令行操作如下：

```
命令:REGION
选择对象:找到 1 个                    //选择刚才绘制的圆形
选择对象:找到 1 个,总计 2 个         //选择刚才绘制的多边形
选择对象:                            //按【Enter】键,结束命令
已提取 2 个环。
已创建 2 个面域
```

②选择"修改"菜单栏中的"实体编辑"→"并集"命令,根据 AutoCAD 命令行的操作提示,将刚创建的两个面域进行组合,命令行操作如下:

```
命令:UNION
选择对象:找到 1 个                    //选择刚创建的圆形面域
选择对象:找到 1 个,总计 2 个         //选择刚创建的多边形面域
选择对象:                            //按【Enter】键,结束命令
```

完成并集。结果如图 5-7 所示。

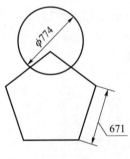 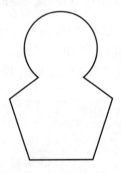

图 5-6 图形   图 5-7 并集示例

(2)差集面域

①继续上例操作。选择"修改"菜单栏中的"实体编辑"→"差集"按钮 ⑩ ,启动"差集"命令。

②启动"差集"命令后,根据 AutoCAD 命令行操作提示,将圆形面域和多边形面域进行差集运算。命令行操作如下:

```
命令:SUBTRACT
选择要从中减去的实体、曲面和面域...
选择对象:找到 1 个                    //选择刚才创建的圆形面域
选择对象:                            //按【Enter】键,结束选择对象
选择要减去的实体、曲面和面域...
选择对象:找到 1 个                    //选择刚才创建的多边形面域
选择对象:                            //按【Enter】键,结束命令
```

差集结果如图 5-8 所示。

(3)交集面域

①继续上例操作。选择"修改"菜单栏中的"实体编辑"→"交集"命令,启动命令。

②启动"交集"命令后,根据 AutoCAD 命令行操作提示,将圆形面域和多边开面域进行交集运算,交集结果如图 5-9 所示。

```
命令:INTERSECT
选择对象:找到 1 个                    //选择刚才创建的圆形面域
选择对象:找到 1 个,总计 2 个          //选择刚才创建的多边形面域
选择对象:                            //按【Enter】键,结束命令
```

图 5-8　差集示例　　　　　图 5-9　交集示例

 5.2　图案填充

5.2.1　填充概述

填充是一种使用指定线条图案、颜色来充满指定区域的操作,常用于表达剖面和不同类型物体对象的外观纹理等,被广泛应用于绘制机械图、建筑图及地质构造图等。图案的填充可以使用预定义填充图案填充区域;可以使用当前线型定义简单图案;也可以创建更复杂的填充图案;还可以使用实体颜色填充区域。

1. 选择填充边界

图案的填充首先要定义一个填充边界,定义边界的方法有:指定对象封闭区域中的点、选择封闭区域的对象、将填充图案从工具选项板或设计中心拖动到封闭区域等。

2. 添加填充图案和实体填充

除了通过执行"图案填充"命令填充图案外,还可以从工具选项板拖动图案填充。用工具选项板,可以更快、更方便地工作。在菜单栏选择"工具"→"选项板"→"工具选项板"命令,即可打开工具选项板,然后打开"图案填充"标签,如图 5-10 所示。

3. 关联填充图案

图案填充随边界的更改自动更新。默认情况下,用"填充图案"命令创建的图案填充区域是关联的。该设置存储在系统变量 HPASSOC 中。

使用 HPASSOC 中的设置通过从工具选项板或 DesignCenter™(设计中心)拖动填充图案来创建图案填充。任何时候都可以删除图案填充的关联性,或者使用 HATCH 命令创建无关联填充。当系统变量 HP-GAPTOL 设置为 0(默认值)时,如果编辑关联填充将会创建开放的边

图 5-10　"图案填充"
工具选项板

界，并自动删除关联性。使用 HATCH 命令来创建独立于边界的非关联图案填充，如图 5-11 (a) ~ (c) 所示。

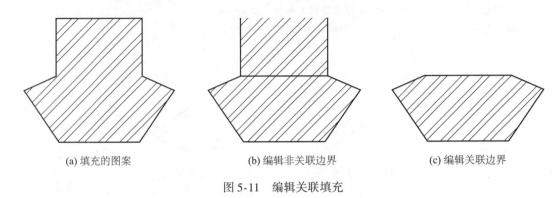

(a) 填充的图案   (b) 编辑非关联边界   (c) 编辑关联边界

图 5-11   编辑关联填充

> **注意：**
>
> 如果对一个具有关联性填充图案进行移动、旋转、缩放和分解等操作，该填充图案与原边界对象将不再具有关联性。如果对其进行复制或带有复制的镜像、阵列等操作，则该填充图案本身仍具有关联性，而其拷贝则不具有关联性。

5.2.2   使用图案填充

使用"图案填充"命令，可以在填充封闭区域或在指定边界内进行填充。默认情况下，"图案填充"命令将创建关联图案填充，图案会随边界的更改而更新。

通过选择要填充的对象或通过定义边界然后指定内部点来创建图案填充。图案填充边界可以是形成封闭区域的任意对象的组合，例如直线、圆弧、圆和多段线等。

图案指的就是使用各种图线进行不同的排列组合而构成的图形元素。此类图形元素作为一个独立的整体，被填充到各种封闭的图形区域内，以表达各自的图形信息。

1. 执行方法

◇　菜单栏："绘图" → "图案填充"。

◇　功能区："绘图" → "图案填充" 📷。

◇　命令行：BHATCH（快捷命令：BH）。

2. 操作说明

执行上述任一命令后，功能区将显示"图案填充"选项卡，如图 5-12 所示。

图 5-12   "图案填充"选项卡

（1）"边界"面板

"拾取点"按钮：根据围绕指定点构成封闭区域的现有对象确定边界。对话框暂时关闭，系统将会提示拾取一个点，如图5-13（a）~（c）所示。

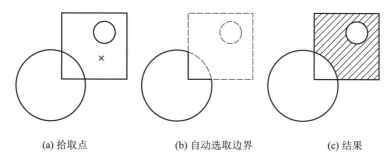

<table>
<tr><td>(a) 拾取点</td><td>(b) 自动选取边界</td><td>(c) 结果</td></tr>
</table>

图 5-13 拾取点

"选择"按钮：根据构成封闭区域的选定对象确定边界。对话框将暂时关闭，系统将会提示选择对象。使用"选择"选项时，HATCH 不自动检测内部对象。必须选择选定边界内的对象，以按照当前孤岛检测样式填充这些对象，如图5-14（a）~（c）所示。

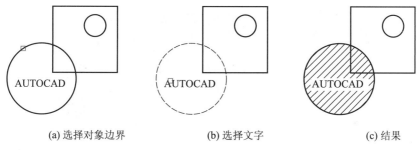

<table>
<tr><td>(a) 选择对象边界</td><td>(b) 选择文字</td><td>(c) 结果</td></tr>
</table>

图 5-14 确定边界内的对象

"删除"按钮：从边界定义中删除之前添加的任何对象。使用此命令，还可以在填充区域内添加新的填充边界，如图5-15（a）~（c）所示。

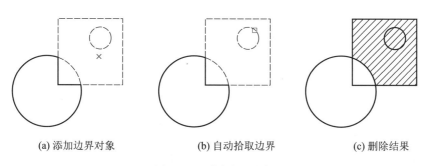

<table>
<tr><td>(a) 添加边界对象</td><td>(b) 自动拾取边界</td><td>(c) 删除结果</td></tr>
</table>

图 5-15 删除边界对象

"重新创建"按钮：围绕选定的图案填充或填充对象创建多段线或面域，并使其与图案填充对象相关联。

"显示边界对象"按钮：暂时关闭对话框，并使用当前的图案填充设置显示当前定义的边界。如果未定义边界，则此选项不可用。

（2）"图案"面板

"图案"面板的主要作用是定义要应用的填充图案的外观。"图案"面板中列出了可用的预定义图案，拖动上下滑动块，可查看更多图案预览，如图 5-16 所示。

（3）"特性"面板

此面板用于设置图案的特性，如图案类型、颜色、背景色、图层等，如图 5-17 所示。

图案类型：图案填充的类型有 4 种，实体、渐变色、图案和用户定义。这 4 种类型在"图案"面板中也能找到，但在此处选择比较快捷。

图案填充颜色：为填充的图案选择颜色，单击列表的下三角按钮 ▼，展开颜色列表。如果需要更多的颜色选择，可以在颜色列表中选择"选择颜色"选项，将打开"选择颜色"对话框，如图 5-18 所示。

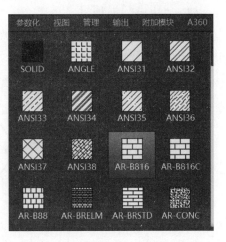

图 5-16　　"填充"面板的图案

图 5-17　　"特性"面板

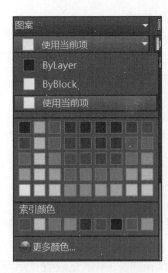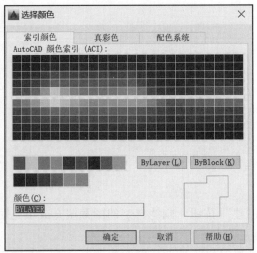

图 5-18　　"选择颜色"对话框

背景色：是指在填充区域内，除填充图案外的区域颜色设置。

图案填充图层替代：从用户定义的图层中为定义的图案指定当前图层。如果用户没有定义图层，则此列表中仅显示 AutoCAD 默认的图层 0 和图层 Defpoints。

相对于图纸空间：在图纸空间中，此选项被激活。此选项用于设置相对于在图纸空间中图案的比例。选择此选项，将自动更改比例。

交叉线：当图案类型为"用户定义"时，"交叉线"选项被激活。

ISO 笔宽：根据所选的笔宽确定有关的图案比例。用户只有在选取了已定义的 ISO 填充图案后，才能确定它的内容。否则，该选项不可用。

填充透明度：设定新图案填充的透明度，替代当前对象的透明度。

填充角度：指定填充图案的角度（相对于 UCS 坐标系的 X 轴）。

填充图案比例：放大或缩小预定义或自定义图案。

（4）"原点"面板

该面板主要用于控制填充图案生成的起始位置，如图 5-19 所示。

"设定原点"：单击此按钮，在图形区中可直接指定新的图案填充原点。

左下、右下、左上、右上和中心：根据图案填充对象边界的矩形范围来定义新原点。

"存储为默认原点"：将新图案填充原点的值存储在 HPORIGIN 系统变量中。

（5）"选项"面板

"选项"面板主要用于控制几个常用的图案填充或填充选项，如图 5-20 所示。

图 5-19　"原点"面板

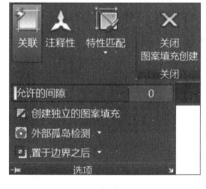

图 5-20　"选项"面板

"注释性"：指定图案填充为注释性。

"关联"：控制图案填充或填充的关联，关联的图案填充或填充在用户修改其边界时将会更新。

"创建独立的图案填充"：控制当指定几个单独的闭合边界，是创建单个图案填充对象，还是创建多个图案填充对象。当创建了 2 个或 2 个以上的填充图案时，此选项才可用。

孤岛检测：填充区域内的闭合边界称为孤岛，控制是否检测孤岛。如果不存在内部边界，则指定孤岛检测样式没有意义。孤岛检测有 4 种方式：普通、外部、忽略、和无。

绘图次序：为图案填充或填充指定绘图次序。图案填充可以放在所有其他对象之后、所有其他对象之前、图案填充边界之后或图案填充边界之前。在下方的列表框中包括 "不指定" "后置" "前置" "置于边界之后" "置于边界之前" 选项。

"图案填充和渐变色" 对话框：当在面板的右下角单击 按钮时，会弹出 "图案填充和渐变色" 对话框，如图 5-21 所示。

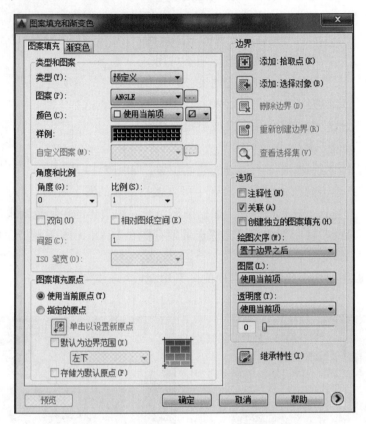

图 5-21　"图案填充和渐变色" 对话框

5.2.3　使用渐变色填充

渐变色填充是通过 "图案填充和渐变色" 对话框中的 "渐变色" 选项卡来设置、创建的，"渐变色" 选项卡如图 5-22 所示。

1. 执行方法

◇　菜单栏："绘图" → "渐变色"。

◇　功能区："默认" → "绘图" → "图案" 下拉菜单→ "渐变色" 。

◇　命令行：GRADIENT。

2. 操作说明

（1）"颜色" 选项

"颜色" 选项主要控制渐变色填充的颜色对比、颜色的选择等，包括 "单色" 和 "双色"。

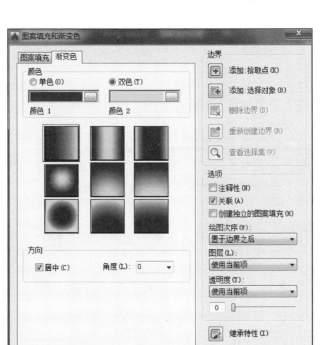

图 5-22　"渐变色"选项卡

颜色样本：指定渐变色填充的颜色。单击"浏览"按钮 ，以显示"选择颜色"对话框，从中可以选择索引颜色、真彩色或配色系统颜色，如图 5-23 所示。

（2）"渐变图案预览"选项

该选项卡可以预览显示用户所设置的 9 种渐变图案，如图 5-24 所示。

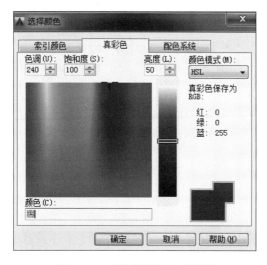

图 5-23　"选择颜色"对话框

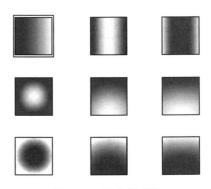

图 5-24　渐变色预览

（3）"方向"选项

"居中"复选框：指定对称的渐变配置。如果没有勾选此复选框，渐变填充将朝左上方变化，在对象左边的图案创建光源。

"角度"：指定渐变填充的角度，相对于当前 UCS 指定的角度，此选项指定的渐变填充角度与图案填充指定的角度互不影响。

示例5.2： 使用图案填充命令绘制如图 5-25 所示的暗装开关符号。

操作提示如下：

①利用"圆弧"命令绘制多半个圆弧。

②利用"直线"命令绘制水平和竖直直线，其中一条水平直线的两个端点都在圆弧上。

③利用"图案填充"命令填充圆弧与水平直线之间的区域。

步骤：

①单击"默认"选项卡"绘图"面板中的"圆弧"按钮 ，绘制出多半个圆弧，如图 5-26 所示。

②单击"默认"选项卡"绘图"面板中的"直线"按钮 ，绘制出两条直线，如图 5-27 所示。

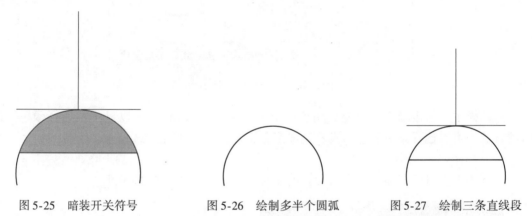

图 5-25　暗装开关符号　　　图 5-26　绘制多半个圆弧　　　图 5-27　绘制三条直线段

③单击"默认"选项卡"绘图"面板中的"图案填充"按钮 ，打开如图 5-28 所示的"图案填充"选项卡，设置填充图案为 SOLID，填充比例为 1，角度为 0，命令行中提示操作如下。结果如图 5-29 所示。

```
命令：_hatch
拾取内部点或[选择对象(S)/放弃(U)/设置(T)]：正在选择所有对象...
正在选择所有可见对象...
正在分析所选数据...
正在分析内部孤岛...
拾取内部点或[选择对象(S)/放弃(U)/设置(T)]：
```

图 5-28　"图案填充"设置

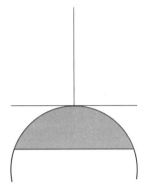

图 5-29　最终所得图形

 5.3　用"块"作图

在绘制图形时，如果图形中有大量相同或相似的内容，或者所绘制的图形与已有的图形文件相同，则可以把要重复绘制的图形创建成块（也称为图块），并根据需要为块创建属性，指定块的名称、用途及设计者等信息，在需要时直接插入当前图形中，从而提高绘图效率。

用户也可以把已有的图形文件以参照的形式插入当前图形中（即外部参），或是通过 AutoCAD 设计中心浏览、查找、使用和管理 AutoCAD 图形、块、外部参照等不同的资源文件。

5.3.1　块的定义与优点

块可以是绘制在几个图层上的不同颜色、线型和线宽特性的对象的组合，尽管块总是在当前图层上，但块参照保存了有关包含在该块中的对象的源图层、颜色和线型特性的信息。在功能区中，用于创建块和参照的"插入"选项卡如图 5-30 所示。

图 5-30　"插入"选项卡

块的定义方法主要有以下几种：

①选择对象以在当前图形中创建块定义。

②使用"块编辑器"将动态行为添加到当前图形中的块定义。

③创建一个图形文件，随后将它作为块插入到其他图形中。

④使用若干种相关块定义创建一个图形文件以用作块库。

用户定义块的优点是：

①建立用户图形库：用户可以反复使用它们，以共享资源，减少重复劳动。

②节省时间：当用户创建一个块后，AutoCAD 将该块存储在图形数据库中，此后用户可根据需要多次插入同一个块，而不必重复绘制和储存，因此节省了大量的绘图时间。

③节省空间：插入块并不需要对块进行复制，而只是根据一定的位置、比例和旋转角度来引用。AutoCAD 只存储一次块的信息，以后插入时，仅记相关实体的位置信息，而不需记忆实体其他信息，从而节省了计算机的存储空间。例如：一个块包含了 10 条直线，引用 5 次，AutoCAD 只需存入 15 个实体，其中包括 10 条直线的块和 5 个块的引用。块越大，节省的空间越大。

④方便修改：可以做到"一改全改"，可保证符号的统一性、标准性。

5.3.2 块的创建

通过选择对象、指定插入点，然后为其命名，可创建块定义。

1. 执行方法

◇ 菜单栏："绘图" → "块" → "创建"。

◇ 功能区："默认" → "块定义" → "创建块" 🖉。

◇ 命令行：BLOCK。

◇ 快捷键：【B】。

2. 操作说明

用上述方法中的任一种启动命令后，系统会给出如图 5-31 所示的块定义对话框。

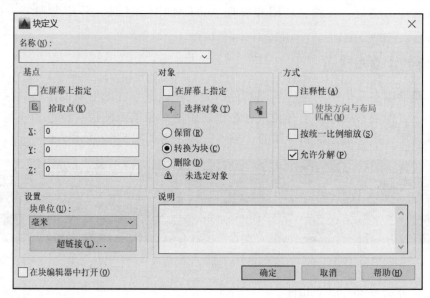

图 5-31 块定义对话框

各选项的含义如下：

① "名称"：指定块的名称。名称最多可以包含 255 个字符，包括字母、数字、空格，以及操作系统或程序未作他用的任何特殊字符。

② "基点" 选项区：指定块的插入基点，默认值是（0.00）（注意：此基点是图形插

入过程中旋转或移动的参照点)。

"在屏幕上指定"：在屏幕窗口上指定块的插入基点。

"拾取点"按钮：暂时关闭对话框，使用户能在当前图形中拾取插入基点。

X：指定基点的 *X* 坐标值。

Y：指定基点的 *Y* 坐标值。

Z：指定基点的 *Z* 坐标值。

③ "设置"选项区：指定块的设置。

"块单位"：指定块参照插入单位。

"超链接"按钮：单击此按钮，打开"插入超链接"对话框，使用该对话框将某个超链接与块定义相关联，如图 5-32 所示。

图 5-32 　"插入超链接"对话框

④在块编辑器中打开：勾选此复选框，将在块编辑器中打开当前的块定义。

⑤ "对象"选项区：指定新块中要包含的对象，以及创建块之后如何处理这些对象，是保留还是删除选定的对象，或者是将它们转换成块。

"在屏幕上指定"：在屏幕中选择块包含的对象。

"选择对象"按钮：暂时关闭"块定义"对话框，允许用户选择块对象。完成选择对象后，按【Enter】键重新打开"块定义"对话框。

"快速选择"按钮：单击此按钮，将打开"快速选择"对话框，该对话框可以定义选择集，如图 5-33 所示。

"保留"：用户创建图块后，保留构成图块的原有对象，它们仍作为独立对象。

"转换为块"：用户创建图块后，将构成图块的原有对象转化为一个图块。

"删除"：用户创建图块后，删除构成图块的原有对象。

"未选定的对象"：此区域将显示选定对象的数目。

⑥ "方式"选项区：指定块的生成方式。

"注释性"：指定块为注释性。单击信息图标可以了解有关注释性对象的更多信息。

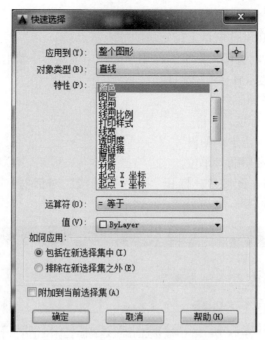

图 5-33 "快速选择"对话框

"使块方向与布局匹配"：指定在图纸空间视口中的块参照的方向与布局的方向匹配。如果未选择"注释性"选项，则该选项不可用。

"按统一比例缩放"：指定块参照是否按统一比例缩放。

"允许分解"：指定块参照是否可以被分解。

理论上，用户可以任意选取一点作为插入点，但在实际的操作中，建议用户选取实体的特征点，如中心点、右下角等作为插入点。

> 注意：
>
> 　　块名称最多可以包含255个字符，包括字母、数字、空格，以及操作系统或程序未作他用的任何特殊字符。块名称及块定义保存在当前图形中。

5.3.3 块的存盘

写块的命令为 WBLOCK（其对应的工具按钮为"写块"按钮），该命令和 BLOCK（对应"创建块"按钮）一样可以定义块，不同之处是 WBLOCK 命令可以将块、选择集或整个图形作为一个图形文件单独存储在磁盘上，它建立的块属于全局块（也称"写块"），全局块也是一个图形文件，既可以单独打开，也可以被其他图形引用。而 BLOCK 命令创建的块只是 AutoCAD 当前文件中的一个特定对象，只能在当前图形文件中使用。其执行方法如下：

命令行：WBLOCK 或 – WBLOCK。

输入命令 – WBLOCK，系统会显示如图 5-34 所示的"创建图形文件"对话框。用户如果在对话框中的文件名文本框中输入新的文件名后，系统命令行继续提示：

输入现有块名或[块 = 输出文件 (=) /整个图形 (*)] <定义新图形 >：

①输入 " = "：将与指定文件名同名的图块保存在磁盘上。

②输入现有块名：则该图块按指定的文件名存盘，替换原文件。

③输入 " * "：表示 AutoCAD 将把当前整个图形作为一个图块存盘。

④直接按【Enter】键：将出现与 BLOCK 命令类似的提示，需要指定块插入的基点，选择对象构成图块。

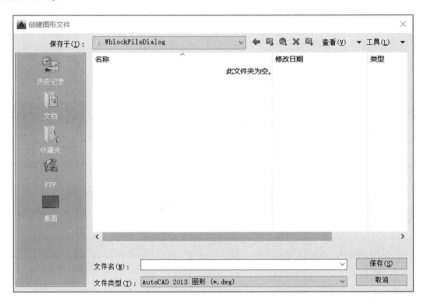

图 5-34　"创建图形文件" 对话框

若直接输入命令 WBLOCK，系统弹出图 5-35 所示的 "写块" 对话框。

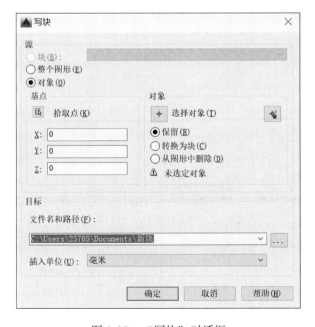

图 5-35　"写块" 对话框

该对话框中各选项的含义如下：

① "源"：在该选项区中，用户可以通过如下几个单选按钮来设置块的来源。

"块"：将已定义的图块进行图块存盘操作。

"整个图形"：将当前的图形文件进行图块存盘操作。

"对象"：将用户选择的实体目标直接定义为图块并进行图块存盘操作。其具体操作还要通过"基点"和"对象"选项区实现。

② "基点"：图块插入的基点设置，可以输入坐标，也可在绘图区点取。

③ "对象"：选取对象。其中包含以下几个单选按钮：

"保留"：保留原图形是独立图元不变。

"转换为块"：把原图形转换成图块。

"从图形中删除"：形成块后，删除原图形对象，不保留在当前绘图窗口中。

④ "目标"：目标参数描述。在该选项区中，用户可以设置块的如下几项信息：

"文件名和路径"：设置图块存盘后的文件名和存盘路径。单击对话框按钮，将出现图 5-36 所示的"创建图形文件"对话框，可以从中选取块文件的位置。用户也可以直接在输入框中输入块文件的位置。

"插入单位"：用户可以通过其下拉列表选项选取新的块文件的单位。

用户所设置的以上信息将作为下次调用该块时的描述信息。

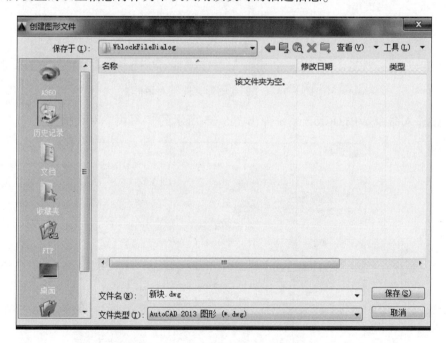

图 5-36 "创建图形文件"对话框

注意：

利用"写块"命令创建的图块是 AutoCAD 的一个 .dwg 文件，属于外部文件，它不会保留原图形未用的图层、线型等属性。

注意：

用户在执行WBLOCK命令时，不必先定义一个块，只要直接将所选的图形实体作为一个图块保存在磁盘上即可。当输入的块不存在时，系统会显示"AutoCAD提示信息"对话框，提示块不存在，是否要重新选择。在多视窗中，WBLOCK命令只适用于当前窗口。存储后的块可以重复使用，而不需要从提供这个块的原始图形中选取。

5.3.4　块的插入

插入块的方法实际上与插入单独的图形文件的方法相同，需要分别指定插入点、比例和旋转角度等。插入操作既可以插入图形文件中的块，也可以插入写块。

1. 执行方法

◇　菜单栏："插入"→"块"。

◇　功能区："插入"→"块"→"插入" （打开"插入"对话框，见图5-37）。

◇　功能区："默认"→"块"→"插入" 。

◇　命令行：INSERT。

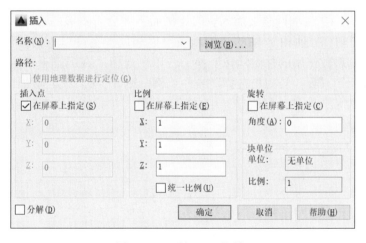

图5-37　"插入"对话框

2. 操作说明

"插入"对话框中各选项的含义如下：

"名称"：用户可以直接在输入框输入或选择要插入的图块名称。

"浏览"：单击该按钮，将打开如图5-38所示的"选择图形文件"对话框，用户可选取已有的图形文件。

"插入点"：插入点是块插入的基准点，一般与图形中指定的参考点重合。用户可以设置 X 轴、Y 轴和 Z 轴的坐标值，也可以通过"在屏幕上指定"复选框利用定点设备来设置插入点。

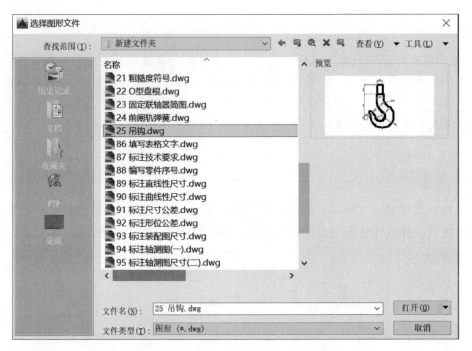

图 5-38 "选择图形文件"对话框

"比例"：AutoCAD 自动调整被插入块的比例而不理会新图形的边界。比例系数是块进行缩放的系数，*X* 轴、*Y* 轴和 *Z* 轴的比例系数可以相同，也可以不同。使用负比例系数，图形将绕着负比例系数作用的轴做镜像变换。若用户选择"在屏幕上指定"复选框，则利用定点设备设置比例系数；若用户选择"统一比例"则 *X*、*Y*、*Z* 方向的比例系数一致。

"旋转"：设置插入块的旋转角度。用户可以选择"在屏幕上指定"或用"角度"输入框设置旋转的角度。

"块单位"：设置插入块的单位和比例。

注意：

块可以互相嵌套，即可把一个块放入另一个块中。块的定义可包括多层嵌套，嵌套块的层数没有限制，但不能使用嵌套的块的名称作为将要定义的新块的名称，即块定义不能嵌套自己。

块的各项值也可预先设定，这样对拖动图形是很有帮助的。若没有预设块的各项值，则块按照默认值插入。AutoCAD通常按1:1的比例和0°旋转角把块放入图形中。

当块被插入图形中时，块将保持它原始的层定义。即：假如一个块中的实体最初位于名为"0"的层中，当它被插入时，它仍在"0"层上。但若图形图层上有与块中同名的图层时，则块中该图层的线型与颜色将按图形图层上同名的层所确定的特性绘图。

初始位于0层上的实体在插入时，AutoCAD将自动把实体分配到块所插入的层上。图层的相关概念请参考本书第6章中图层与对象的属性。

5.3.5　块的删除

在有的设计场合，可能需要先分解块，再对某组成对象进行修改以获得符合要求的图形，如将插入的多余块删除，或者清理图形中未使用的块对象。

1. 分解块

块作为一个独立的对象，将其分解后可以获得它的独立组成对象。对插入在图形中的块进行分解，并不会改变保存在图形列表中的块定义。

分解块的方法步骤较为简单，在功能区"默认"选项卡的"修改"面板中单击"分解"按钮，接着选择要分解的块，然后按【Enter】键即可。

2. 删除块与清理块

在功能区"默认"选项卡的"修改"面板中单击"删除"按钮，接着在图形窗口中选择要删除的块并按【Enter】键，即可将在图形中选定的块对象删除。

如果单击"应用程序"按钮，接着从打开的应用程序菜单中选择"图形实用工具"→"清理"命令，则可以打开"清理"对话框，如图 5-39 所示，来清理某些未使用的图块。

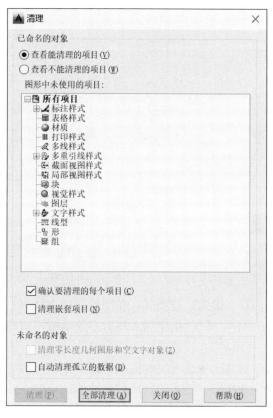

图 5-39　"清理"对话框

5.3.6　定义块属性

块属性是附属于块的非图形信息，是块的组成部分，可包含块定义中的文字对象。在定义一个块时，属性必须预先定义而后选定。通常属性用于在块的插入过程中进行自动注释，如显示块的类型、制造商、型号和价格等特性。

要创建带有属性的块，可以先绘制希望作为块元素的图形，然后创建希望作为块元素的属性，最后同时选中图形及属性，将其统一定义为块或保存为块文件。

块属性是通过"属性定义"对话框来设置的。

1. 执行方法

◇　菜单栏："绘图"→"块"→"定义属性"。

◇　功能区："插入"→"块定义"→"定义属性"。

◇　命令行：ATTDEF。

2. 操作说明

执行 ATTDEF 命令，弹出"属性定义"对话框，如图 5-40 所示，各选项的含义如下：

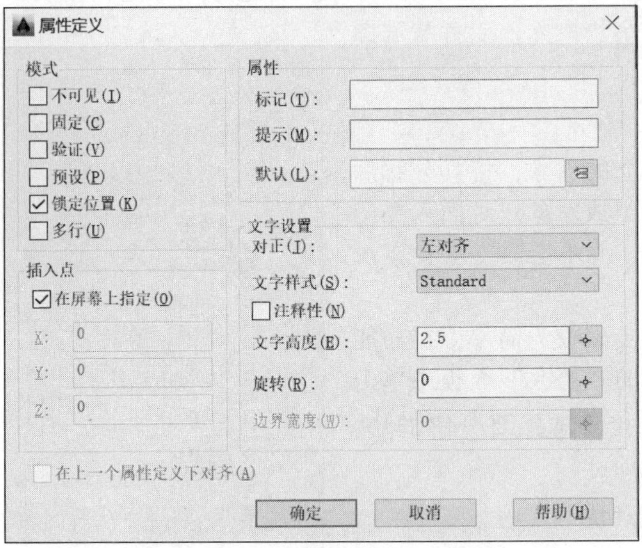

图 5-40　"属性定义"对话框

① "模式"选项区：在图形中插入块时，设置与块相关联的属性值选项。

"不可见"：指定插入块时不显示或不打印属性值。

"固定"：设置属性的固定值。

"验证"：插入块时提示验证属性值是否正确。

"预设"：插入包含预设属性值的块时，将属性设置为默认值。

"锁定位置"：锁定块参照中属性的位置，解锁后，属性可以相对于使用夹点编辑的块的其他部分移动，并且可以调整多行文字属性的大小。

"多行"：指定属性值可以包含多行文字。选定此项后，可以指定属性的边界宽度。

② "插入点"选项区：指定属性位置。

"在屏幕上指定"复选框：使用定点设备相对于要与属性关联的对象指定属性的位置。

③ "属性"选项区：设置块属性的数据。

5.3.7　编辑块属性

用户可以像修改其他对象一样对块属性进行编辑。例如，单击选中块后，系统将显示块及属性夹点，单击属性夹点即可移动属性的位置。

要编辑块的属性，可在菜单栏中选择"修改"→"对象"→"属性"→"单个"命令，然后在图形区域中选择属性块，弹出"增强属性编辑器"对话框。在该对话框中可以修改块的属性值、属性的文字选项、属性所在图层，以及属性的线型、颜色和线宽等。

示例 5.3：绘制一个电动机块，如图 5-41 所示，并插入该块。

步骤：

①分别单击"默认"选项卡"绘图"面板中的"圆"按钮 ⊘ 和"注释"面板中的

"多行文字"按钮，绘制如图 5-41 所示的电动机图形。

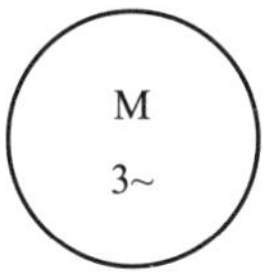

②在命令行中输入"WBLOCK"命令，打开"写块"对话框，如图 5-42 所示。拾取上面圆心为基点，以上面图形为对象，输入图块名称并指定路径，单击"确定"按钮退出。

图 5-41　电动机块

③单击"默认"选项卡"块"面板中的"插入"按钮，打开图 5-43 所示的"插入"对话框，单击"浏览"按钮，找到刚才保存的电动机图块，在屏幕上指定插入点、比例和旋转角度，将图块插入到当前的图形文件中，如图 5-44 所示。

图 5-42　"写块"对话框

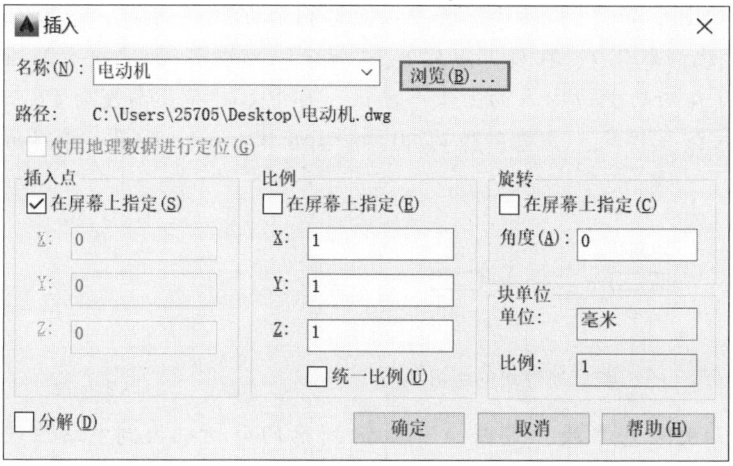

图 5-43　"插入"对话框

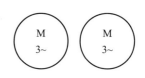

图 5-44　插入块在
当前文件中

习 题 5

1. 创建一个名为二极管的块，如图 5-45（a）所示，并完成图 5-45（b）所示的桥式电路。提示：放置块时可设置角度为 ±45°。并写出简要步骤。

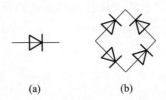

(a)   （b）

图 5-45　二极管块的组合

2. 创建一个名为 block 的块，如图 5-46（a）所示，参数：长为 60 个单位，高为 40 个单位，圆的半径为 10 个单位；并完成图 5-46（b）所示的桥式电路。提示：块的基点选取左下角的点。并写出简要步骤。

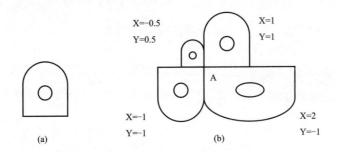

(a)   （b）

图 5-46　不同比例值插入块

3. 创建一个电阻属性块，如图 5-47（a）所示，其中：矩形的长为 50 个单位，宽为 20 个单位；文字为 "宋体"，宽度比例取 0.7；在属性定义中，"标记" 为电阻值、"提示" 输入电阻值、"值" 为 10；文字处在矩形上边中点向上 4 个单位，且中心对齐，高度为 12 个单位。在创建好属性块后，插入该属性块，其电阻值为 80，如图 5-47（b）所示。并写出简要步骤。

电阻值　　　　　　80

(a)　　　　　　　（b）

图 5-47　属性块的练习

4. 先创建按钮、熔断器、开关等基本块，完成如图 5-48 所示的电动机控制电路原理图。并写出简要步骤。

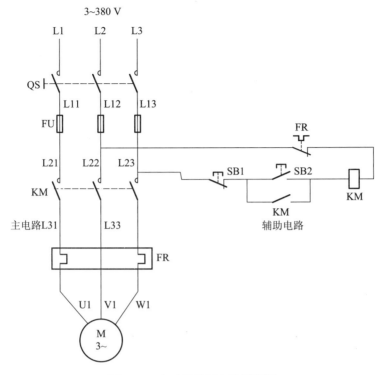

图 5-48　电动机控制电路原理图

5. 使用填充绘制图 5-49 所示避雷器的符号；参数：矩形宽为 20 个单位，高为 45 个单位；箭头的细线长度为 40 个单位，箭头宽度分别为 5 和 0，长度为 12 个单位。并写出简要步骤。

图 5-49　避雷器符号

6. 使用图案填充绘制如图 5-50 所示图形。参数：圆的半径为 50 个单位，上半圆图案为 ANSI31、角度 0，比例 1；下半圆图案为 ANSI31、角度 90，比例 2。并写出简要步骤。

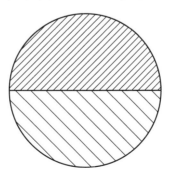

图 5-50　图案填充圆

7. 使用渐变色填充绘制图 5-51 所示五角星图形。

图 5-51　渐变填充五角星

第6章
图层设置与应用

AutoCAD 2016 中的每一个图层就好比是一张透明图纸，若干个图层重叠在一起就好比若干张透明图纸叠放在一起。由用户在指定的图层中绘制编辑和组织所需的图形对象，通常将类型相同或相似的对象绘制在同一个图层中，而将类型不相同的对象分别绘制在其他指定图层中，如将中心线、构造线、轮廓线、标注和标题栏分别置于不同的图层中。每一个图层都可根据需要设置其关联的颜色、线型、线宽、打印样式和开关状态等。

 **6.1 图层概述**

图层用于按功能编组图形中的对象，以及用于执行颜色、线型、线宽和其他特性的标准。图层是一种重要的组织工具，通过控制对象的显示或打印方式，能有效降低图形的视觉复杂程度，并提高显示性能。使用图层，可以控制图层上的对象是显示的还是隐藏的，对象是否使用默认特性（例如该图层的颜色、线型或线宽）或对象特性是否单独指定给每个对象，是否打印以及如何打印图层上的对象，是否锁定图层上的对象并且无法修改，对象是否在各个布局视口中显示不同的图层特性等。

只要将图线的相关特性设定成"随层"，图线都将具有所属层的特性。

 **6.2 图层操作**

6.2.1 了解图层特性管理器

1. 执行方法

◇ 菜单栏："格式" → "图层"。

◇ 功能区："默认" → "图层" → "图层特性" 。

◇ 命令行：LAYER。

2. 操作说明

"图层特性管理器"对话框可以显示图层的列表及其特性设置，如图 6-1 所示。用户在创建图层时可以方便地编辑图层特性。

图 6-1 "图层特性管理器"对话框

（1）新建特性过滤器

"新建特性过滤器"的主要功能是根据图层的一个或多个特性创建图层过滤器，单击"新建特性过滤器"按钮，弹出"图层过滤器特性"对话框，如图 6-2 所示。

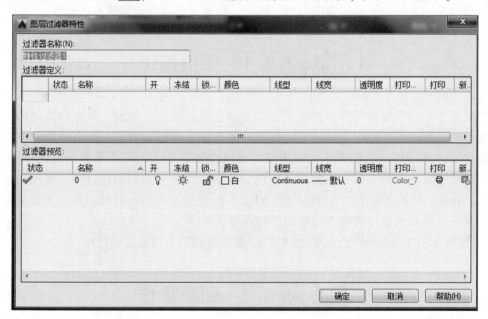

图 6-2 "图层过滤器特性"对话框

在"图层特性管理器"对话框的树状图中选定图层过滤后，将在列表视图中显示符合过滤条件的图层。

（2）新建组过滤器

"新建组过滤器"的主要功能是创建图层过滤器，其中包含选择并添加到该过滤器的图层。

（3）图层状态管理器

"图层状态管理器"的主要功能是显示图形中已保存的图层状态列表。单击"图层状态管理器"按钮 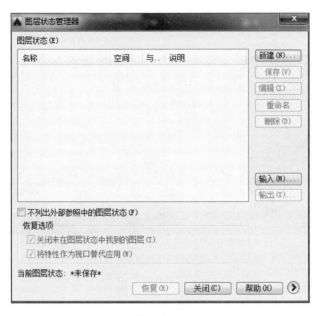，弹出"图层状态管理器"对话框，如图 6-3 所示。用户通过该对话框可以创建、重命名、编辑和删除图层状态。

图 6-3　"图层状态管理器"对话框

"图层状态管理器"对话框的选项、功能按钮含义如下：

"图层状态"：列出已保存在图形中的命名图层状态、保存它们的空间（模型空间、布局或外部参照）、图层列表是否与图形中的图层列表相同以及可选说明。

"不列出外部参照中的图层状态"复选框：控制是否显示外部参照中的图层状态。

"关闭未在图层状态中找到的图层"复选框：恢复图层状态后，需关闭未保存设置的新图层，以使图形看起来与保存命名图层状态时一样。

"将特性作为视口替代应用"复选框：将图层特性替代应用于当前视口。仅当布局视口处于活动状态并访问图层状态管理器时，此选项才可用。

更多恢复选项⊘：控制"图层状态管理器"对话框中其他选项的显示。

"新建"按钮：为在图层状态管理器中定义的图层状态指定名称和说明。

"保存"按钮：保存选定的命名图层状态。

"编辑"按钮：显示选定的图层状态中已保存的所有图层及其特性，视口替代特性除外。

"重命名"按钮：为图层重命名。

"删除"按钮：删除选定的命名图层状态。

"输入"按钮：显示标准的文件选择对话框，从中可以将之前输出的图层状态（LAS）文件加载到当前图形。

"输出"按钮：显示标准的文件选择对话框，从中可以将选定的命名图层状态保存到图层状态（LAS）文件中。

"恢复"按钮：将图形中所有图层的状态和特性设置恢复为之前保存的设置（仅恢复使用复选框指定的图层状态和特性设置）。

（4）新建图层

"新建图层"工具用来创建新图层，单击"新建图层"按钮，列表中将显示名为"图层 1"的新图层，图层名文本框处于编辑状态。新图层将继承图层列表中当前选定图层的特性（如颜色、开或关状态等），如图 6-4 所示。

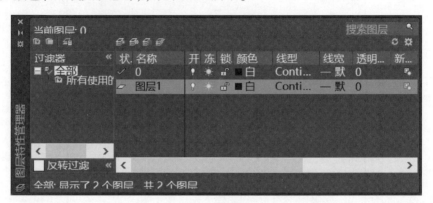

图 6-4　新建图层

（5）所有视口中已冻结的新图层

"所有视口中已冻结的新图层"工具用来创建新图层，然后在所有现有布局视口中将其冻结，单击"在所有视口中都被冻结的新图层"按钮，列表中将显示名为"图层 2"的新图层，图层名文本框处于编辑状态。该图层的所有特性被冻结，如图 6-5 所示。

图 6-5　新建图层的所有特征被冻结

（6）删除图层

"删除图层"工具只能删除未被参照的图层。图层 0 和 DEFPOINTS、包含对象（包括块定义中的对象）的图层、当前图层，以及依赖外部参照的图层是不能被删除的。

①"设为当前"工具：可以将选定图层设置为当前图层。将某一图层设置为当前图层后，在列表中该图层的状态呈 显示，然后用户就可以在该图层中创建图形对象了。

②"树状图"：在"图层特性管理器"对话框中的树状图窗格，可以显示图形中图层

和过滤器的层次结构列表，图 6-6 中顶层节点（全部）显示图形中的所有图层，单击窗格中的"收拢图层过滤器"按钮 ，即可将树状图窗格收拢，再次单击此按钮，则展开树状图窗格。

③"列表视图"：显示了图层和图层过滤器及其特性和说明。如果在树状图中选定了一个图层过滤器，则列表视图将仅显示该图层过滤器中的图层，树状图中的"全部"过滤器将显示图形中的所有图层和图层过滤器。当选定某一个图层特性过滤器并且没有符合其定义的图层时，列表视图将为空。要修改选定过滤器中某一个选定图层或所有图层的特性，请单击该特性的图标。当图层过滤器中显示了混合图标或"多种"时，表明在过滤器的所有图层中，该特性互不相同。"图层特性管理器"对话框的列表视图如图 6-7 所示。

图 6-6　树状图　　　　　　　　　　图 6-7　列表视图

列表视图中各项目含义如下：

"状态"：指示项目的类型（包括图层过滤器、正在使用的图层、空图层或当前图层）。

"名称"：显示图层或过滤器的名称。当选择一个图层名称后，按【F2】键即可编辑图层名。

"开"：打开和关闭选定图层，单击电灯泡形状的符号按钮，即可将选定图层打开或关闭。当符号呈亮色时，图层已打开；当符号呈暗灰色时，图层已关闭。

"冻结"：冻结所有视口中选定的图层，包括"模型"选项卡，单击符号按钮，可冻结或解冻图层，图层冻结后将不会显示、打印、消隐、渲染或重生成冻结图层上的对象。当符号呈亮色时，图层已解冻；当符号呈暗灰色时，图层已冻结。

"锁定"：锁定和解锁选定图层。图层被锁定后，将无法更改图层中的对象。单击符号按钮 （此符号表示为锁已打开），图层被锁定；单击符号按钮 （此符号表示为锁已关闭），图层被解除锁定。

"颜色"：更改与选定图层关联的颜色，默认状态下，图层中的对象呈黑色，单击"颜色"按钮，弹出"选择颜色"对话框，如图 6-8 所示。在此对话框中用户可选择任意颜色来显示图层中的对象元素。

"线型"：更改与选定图层关联的线型。选择线型名称（如 Continuous），则会弹出"选择线型"对话框，如图 6-9 所示。单击"选择线型"对话框中的"加载"按钮，弹出"加载或重载线型"对话框，如图 6-10 所示。在此对话框中，用户可选择任意线型来加载，使图层中的对象线型为加载的线型。

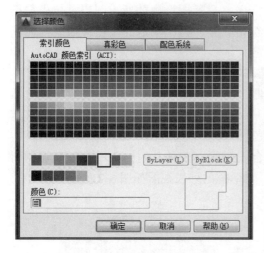

图 6-8 "选择颜色"对话框

图 6-9 "选择线型"对话框

"线宽"：更改与选定图层关联的线宽，选择线宽的名称后，弹出"线宽"对话框，如图 6-11 所示，在此对话框中，用户可以选择适合图形对象的线宽值。

"打印样式"：更改与选定图层关联的打印样式。

"打印"：控制是否打印选定图层中的对象。

"新视口冻结"：在新布局视口中冻结选定图层。

"说明"：描述图层或图层过滤器。

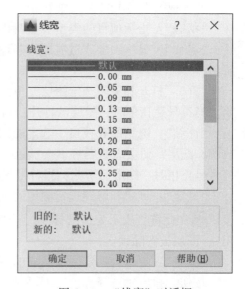

图 6-10 "加载或重载线型"对话框　　　　图 6-11 "线宽"对话框

6.2.2 图层工具

图层工具是 AutoCAD 向用户提供的图层创建、编辑的管理工具。在菜单栏选择"格式"→"图层工具"命令，即可打开图层工具菜单，如图 6-12 所示。

图层工具菜单上的工具命令除了在"图层特性管理器"对话框中已介绍的打开或关闭图层、冻结或解冻图层、锁定或解锁图层、删除图层外，还包括上一个图层、图层漫游、图层匹配、更改为当前图层、将对象复制到新图层、将图层隔离到当前视口、取消图层隔离及图层合并等工具，接下来就对这些图层工具进行简要介绍。

1. 上一个图层

"上一个图层"工具用来放弃对图层设置所做的更改，并返回到上一个图层状态。用户可通过以下命令方式来执行此操作：

◇　菜单栏："格式"→"图层工具"→"上一个图层"。

◇　功能区："默认"→"图层"下拉按钮→"上一个" 。

◇　命令行：LAYERP。

2. 图层漫游

"图层漫游"工具的作用是显示选定图层上的对象并隐藏所有其他图层上的对象。用户可通过以下命令方式来执行此操作：

◇　菜单栏："格式"→"图层工具"→"图层漫游"。

◇　功能区："默认"→"图层"下拉按钮→"图层漫游" 。

◇　命令行：LAYWALK。

在"默认"标签"图层"面板下拉菜单中单击"图层漫游"按钮 后，弹出"图层漫游"对话框，如图 6-13 所示。通过该对话框，用户可在图形窗口中选择对象或选择图层，设置为显示或隐藏。

图 6-12　图层工具菜单

图 6-13　"图层漫游"对话框

3. 图层匹配

"图层匹配"工具的作用是更改选定对象所在的图层，使之与目标图层相匹配。用户可通过以下命令方式来执行此操作：

◇　菜单栏："格式"→"图层工具"→"图层匹配"。

◇　功能区："默认"→"图层"→"匹配图层" 。

◇　命令行：LAYMCH。

4. 更改为当前图层

"更改为当前图层"工具的作用是将选定对象所在的图层更改为当前图层。用户可通过以下命令方式来执行此操作：

◇　菜单栏："格式"→"图层工具"→"更改为当前图层"。

◇　功能区："默认"→"图层"下拉按钮→"更改为当前图层" 。

◇　命令行：LAYCUR。

5. 将对象复制到新图层

"将对象复制到新图层"工具的作用是将一个或多个对象复制到其他图层。用户可通过以下命令方式来执行此操作：

◇　菜单栏："格式"→"图层工具"→"将对象复制到新图层"。

◇　功能区："默认"→"图层"下拉按钮→"将对象复制到新图层" 。

◇　命令行：COPYTOLAYER。

6. 图层隔离

"图层隔离"工具的作用是隐藏或锁定除选定对象所在图层外的所有图层。用户可通过以下命令来执行此操作：

◇　菜单栏："格式"→"图层工具"→"图层隔离"。

◇　功能区："默认"→"图层"→"隔离" 。

◇　命令行：LAYISO。

7. 取消图层隔离

"取消图层隔离"工具的作用是恢复使用 LAYISO（图层隔离）命令隐藏或锁定的所有图层。用户可通过以下命令方式来执行此操作：

◇　菜单栏："格式"→"图层工具"→"取消图层隔离"。

◇　功能区："默认"→"图层"→"取消隔离" 。

◇　命令行：LAYUNISO。

8. 将图层隔离到当前视口

"将图层隔离到当前视口"工具的作用是冻结除当前以外的所有布局视口中的选定图层。用户可通过以下命令方式来执行此操作：

◇　菜单栏："格式"→"图层工具"→"将图层隔离到当前视口"。

◇　功能区："默认"→"图层"下拉按钮→"视口冻结当前视口以外的所有视口" 。

◇　命令行：LAYVPI。

9. 图层合并

"图层合并"工具的作用是将选定图层合并到目标图层中，并将以前的图层从图形中删除。用户可通过以下命令来执行此操作：

◇ 菜单栏："格式"→"图层工具"→"图层合并"。

◇ 功能区："默认"→"图层"下拉按钮→"合并"。

◇ 命令行：LAYMRG。

6.2.3 图层状态设置

在绘图过程中，如果绘图区中的图形过于复杂，将不便于对图形进行操作，此时可以使用图层功能将暂时不用的图层进行关闭或冻结处理，以减少复杂图形重新生成时的显示时间，并加快绘图、缩放、编辑等命令的执行速度。

1. 打开/关闭图层

（1）关闭暂时不用的图层

在"图层特性管理器"面板中单击要关闭图层前方的图标，此时该图标将变为，表示该图层已关闭，如图6-14所示。

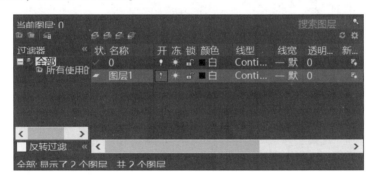

图6-14 关闭图层

也可以在"默认"选项卡的"图层"面板中单击"图层控制"下拉列表中的"开/关图层"图标，此时，该图标将变为，表示该图层已关闭，如图6-15所示。

> 注意：
>
> 如果进行关闭的图层是当前层，将打开询问对话框，在对话框中选择"关闭当前图层"选项即可。如果不小心对当前层执行关闭操作，可以在打开的对话框中单击"使当前图层保持打开状态"链接，如图6-16所示。

（2）打开被关闭的图层

打开图层的操作与关闭图层的操作相似。当图层被关闭后，在"图层特性管理器"对话框中，单击图层前面的"打开"图标，或在图层面板中单击"图层控制"下拉列表中的"开/关图层"图标，可以打开被关闭的图层，此时图层前面的图标将变为打开状态。

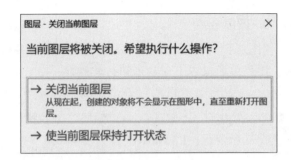

图 6-15　在"图层"面板中关闭图层　　　　图 6-16　关闭当前图层

2. 冻结/解冻图层

（1）冻结不需要修改的图层

在"图层特性管理器"对话框中选择要冻结的图层，单击该图层前面的"冻结"图标，该图标将变为，表示该图层已经被冻结，如图 6-17 所示。

图 6-17　冻结图层

在"图层"面板中单击"图层控制"下拉列表中的"在所有视口中冻结/解冻"图标，图层前面的图标将变为，表示该图层已经被冻结，如图 6-18 所示。

（2）解冻被冻结的图层

解冻图层的操作与冻结图层的操作相似。当图层被冻结后，在"图层特性管理器"对话框中单击图层前面的"解冻"图标，或在"图层"面板中单击"图层控制"下拉列表中的"在所有视口中冻结/解冻"图标，可以解冻被冻结的图层，此时图层前面的图标将变为。

图 6-18　在"图层"面板
中冻结图层

3. 锁定/解锁图层

（1）锁定不需要修改的图层

锁定图层能使图层中的对象不被选择和编辑，防止误操作。

在"图层特性管理器"对话框中选择要锁定的图层，单击该图层前面的"锁定"图标，该图标将变为，表示该图层已经被锁定，如图 6-19 所示。

图 6-19 锁定图层

在"图层"面板中单击"图层控制"下拉列表中的"锁定/解锁"图标🔓，图层前面的图标🔓将变为🔒，表示该图层已经被锁定，如图 6-20 所示。

示例 6.1：新建实线层和虚线层两个图层。实线层：颜色黑色、线型 Continuous 线宽为 0.25，其他默认；虚线层：颜色红色、线型 ACAD_ISO02W100、线宽为 0.25，其他默认。

步骤：

①单击"默认"选项卡"图层"面板中的"图层特性"按钮📑，打开"图层特性管理器"对话框。

图 6-20 在"图层"面板中锁定图层

②单击"新建图层"按钮📑，创建一个新层，把该层的名字由默认的"图层 1"改为"实线层"，如图 6-21 所示。

图 6-21 更改图层名

③单击"实线层"对应的"线宽"项，打开"线宽"对话框，选择 0.25 mm 线宽，如图 6-22 所示，单击"确定"按钮退出。

④再次单击"新建图层"按钮📑，创建一个新层，把该层命名为"虚线层"。

⑤单击"虚线层"对应的"颜色"项，打开"选择颜色"对话框，选择红色为该层颜色，如图 6-23 所示，单击"确定"按钮返回"图层特性管理器"对话框。

⑥单击"虚线层"对应的"线型"项，打开"选择线型"对话框，如图 6-24 所示。

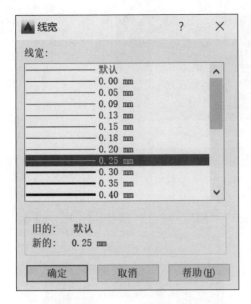

图 6-22　选择线宽

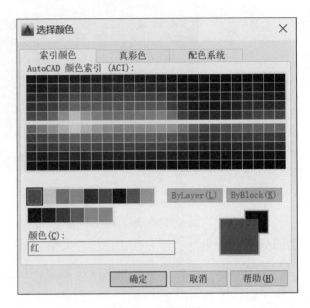

图 6-23　选择颜色

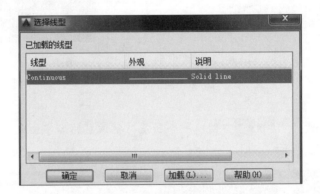

图 6-24　线型选择

⑦在"选择线型"对话框中，单击"加载"按钮，系统打开"加载或重载线型"对话框，选择 ACAD_ ISO02W100 线型，如图 6-25 所示。单击"确定"按钮退出。

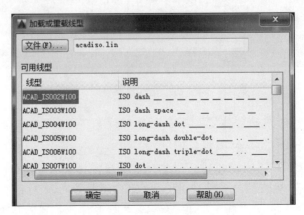

图 6-25　加载新线型

⑧同样方法将"虚线层"的线宽设置为 0.25 mm。

⑨将"实线层"设为当前图层，单击"默认"选项卡"绘图"面板中的"直线"按钮，绘制手动开关左侧图形，如图 6-26 所示。

⑩将"虚线层"设为当前图层，单击"默认"选项卡"绘图"面板中的"直线"按钮，绘制水平虚线，结果如图 6-27 所示。

图 6-26 左侧图形   图 6-27 右侧图形

6.3 图形对象特性

6.3.1 修改对象特性

绘制的每个对象都具有其特性。某些特性是基本特性，适用于大多数对象，例如图层、颜色、线型、和打印样式。有些是特定于某个对象的特性，例如，圆的特性包括半径和面积，直线的特性包括长度和角度。

> **注意：**
>
> 如果将特性值设置为"BYLAYER"，则将为对象指定与其所在图层相同的值。

大多数图形的基本特性可以通过图层指定给对象，也可以直接指定给对象。直接指定特性给对象需要在"特性"面板中实现，在"默认"选项卡的"特性"面板中，包括对象颜色、线宽、线型、打印样式和列表等控制栏。选择要修改的对象，单击"特性"面板中相应的控制按钮，然后在弹出的下拉列表中选择需要的选项即可修改对象的特性，如图 6-28 所示。

图 6-28 直接更改颜色、线宽和线型的特性

单击"特性"面板右下方的"特性"按钮，将打开"特性"选项板，在该选项板中可以修改选择对象的完整特性。如果在绘图区选择了多个对象，"特性"选项板中将显示这些对象的共同特性，如图 6-29 所示。

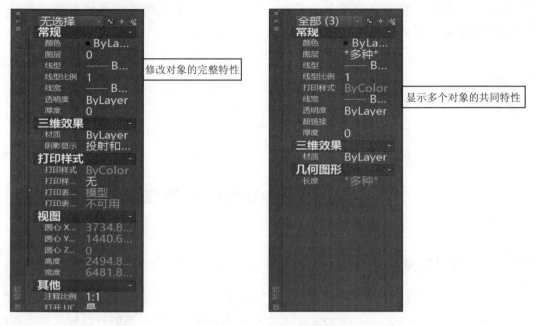

图 6-29　"特性"选项板

6.3.2　匹配对象特性

使用"特性匹配"命令，可以将一个对象所具有的特性复制给其他对象，可以复制的特性包括颜色、图层、线型、线型比例、厚度和打印样式，有时也包括文字、标注和图案填充特性。

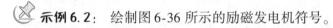示例 6.2：绘制图 6-36 所示的励磁发电机符号。

步骤：

①单击"默认"选项卡"图层"面板中的"图层特性"按钮，打开"图层特性管理器"对话框。参照示例 6.1 的步骤，新建三个图层，如图 6-30 所示。确认后退出图层特性管理器。

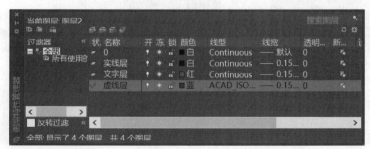

图 6-30　新建图层样式

②将实线层"置为当前"，在该图层上，使用"圆"命令和"直线"命令绘制图 6-31 所示图形。接着在该图形右侧绘制电感线圈，使用"直线"命令和"圆弧"命令绘制一个圆弧，并通过"复制"命令，复制该直线和圆弧，得到图 6-32 所示图形。最后用"直线"命令，绘制直线，连接左右两边的图形，如图 6-33 所示。

图 6-31　绘制一个圆和一条直线　　　　图 6-32　绘制电感线圈　　　　图 6-33　连接相关导线

③使用"绘图"面板中的"圆"命令，在右侧绘制一个合适大小的圆。并用"直线"命令和相关的"捕捉及追踪"辅助工具，绘制出图 6-34 所示图形。

④将图层状态切换到"虚线层"，绘制出图 6-35 所示两条虚线。

> **⊙ 注意：**
> 　　如果虚线段显示不合适，选中虚线段，右击后在右侧弹出的快速访问工具中选择"特性"，将在绘图区左侧弹出一个特性设置面板，更改"线形比例"为合适的数值即可。

⑤切换到"文字层"，在圆内适当位置分别添加文字"GS"和"G"，如图 6-36 所示。

> **⊙ 注意：**
> 　　如文字大小显示不合理，在特性设置面板中更改"文字高度"即可。

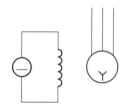

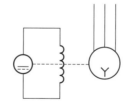

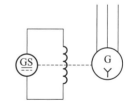

图 6-34　右侧图形绘制　　　　图 6-35　在虚线层绘制相关直线　　　　图 6-36　文字层设置文字

 习　题　6

1. 按照表 6-1 所列项目设置图层。

表 6-1 图层设置练习

序号	图层名称	颜色	线形	线宽
1	粗实线	黑	Continuous	0.5
2	细实线	黑	Continuous	0.25
3	中心线	红	CENTER	0.25
4	标注层	蓝	Continuous	0.25
5	细虚线	绿	ACAD_ ISO02W100	0.25

2. 创建图层，在相应图层上绘出如图 6-37 所示的电压互感器接线图。

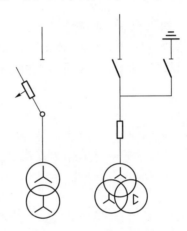

图 6-37 电压互感器接线图

3. 先绘制如图 6-38（a）所示的图形，其中大圆的半径为 10 个单位，小圆的半径为 8 个单位，利用矩形阵列，设置 2 行 4 列，行偏移 30，列偏移 30；利用特性管理器修改对象半径，把所有半径小于 10 的圆的半径修改为 2，如图 6-38（b）所示。简要写出步骤。

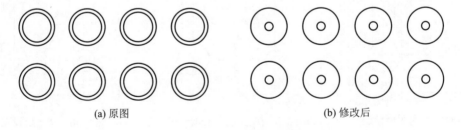

(a) 原图   (b) 修改后

图 6-38 用特性管理器修改对象半径

第7章

文字、表格与尺寸标注

文字注释是图形中很重要的一部分内容，在进行各种设计时，通常不仅要绘制图形，还要在图形中标注一些文字。图表在 AutoCAD 图形中也有大量的应用，如明细表、参数表和标题栏等。尺寸标注是绘图设计过程中相当重要的一个环节，可以清晰地表示出各图形的大小和相对位置，作为施工的依据。

7.1　文字标注

AutoCAD 可以为图形进行文本标注和说明，包括图形中经常出现的特殊符号，如角度符号（°）、直径符号（φ）等，同时还可以设置文字的样式、对已标注的文本进行各种编辑操作。AutoCAD 中的文本分为单行文本和多行文本，下面将分别加以介绍。

7.1.1　设置文字样式

所有 AutoCAD 图形中的文字都有其相对应的文字样式。AutoCAD 允许用户使用多种文字样式，模板文件 acad. dwt 和 acadiso. dwt 中定义了名为 Standard 的默认文本样式。

1. 执行方法

◇　菜单栏："格式"→"文字样式"。

◇　功能区："注释"→"文字"→"文字样式"。

◇　功能区："默认"→"注释"下拉按钮→"文字样式" **A**，如图 7-1 所示。

◇　命令行：DDSTYLE/STYLE。

2. 操作说明

执行上述任意一种命令，则打开如图 7-2 所示的"文字样式"对话框。用户可以利用该对话框定义文本字体式样。

其中各主要选项的含义如下：

"当前文字样式"：列出当前文字样式。

图 7-1　在"注释"下拉菜单中选择文字样式

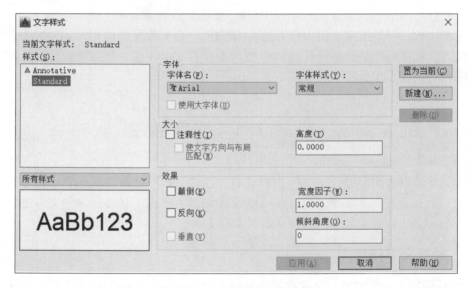

图 7-2　"文字样式"对话框

"样式"：显示图形中的样式列表。列表包括已定义的样式名并默认显示选择的当前样式。要更改当前样式，请从列表中选择另一种样式或选择"新建"以创建新样式。

"预览"：显示所选择或所确定的字体样式的形式。显示随着字体的改变和效果的修改而动态更改的样例文字。

"字体"：设置字体的名称、字体的样式（斜体、粗体或者常规字体）。选定"使用大字体"后，该选项变为"大字体"，用于选择大字体文件。

"大小"：更改文字的大小。"注释性"是指定文字为注释性。"使文字方向与布局匹配"是指定图纸空间视口中的文字方向与布局方向匹配。"高度"是根据输入值设置文字高度。

"效果"：修改字体的特性，例如宽度因子、倾斜角度以及是否颠倒、反向或垂直。"颠倒"是指颠倒显示字符；"反向"是指反向显示字符；"垂直"是显示垂直对齐的字符。

只有在选定字体支持双向时"垂直"才可用。"宽度因子"：设置字符间距——输入小于 1.0 的值将压缩文字；输入大于 1.0 的值则扩大文字。"倾斜角度"：设置文字的倾斜角。

"置为当前"：将在"样式"下选定的样式设置为当前。

"新建"：显示"新建文字样式"对话框并自动为当前设置提供名称"样式 n"（其中 n 为所提供样式的编号）。可以采用默认值或在该框中输入名称，然后单击"确定"按钮使新样式名使用当前样式设置。

"删除"：删除不需要的文字样式。

"应用"：将对话框中所做的样式更改应用到当前样式和图形中具有当前样式的文字。

如图 7-3（a）所示是文字样式的标准图，处理的各种效果如图 7-3（b）~（e）所示。

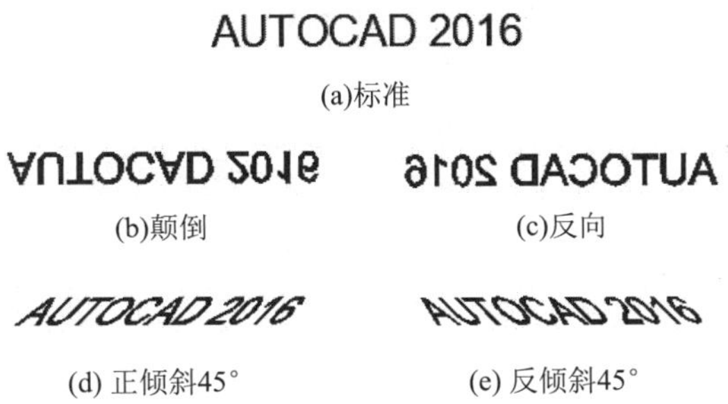

AUTOCAD 2016

(a)标准

ΑUTOCΑD 2016　　AUTOCAD 2016

(b)颠倒　　　　　　　(c)反向

AUTOCAD 2016　　AUTOCAD 2016

(d) 正倾斜45°　　　　　(e) 反倾斜45°

图 7-3　文字效果图

7.1.2　单行文字标注

单行文字可用来创建一行或多行文字，所创建的每行文字都是独立的、可被单独编辑的对象。

1. 执行方法

◇　菜单栏："绘图"→"文字"→"单行文字" $\boxed{\text{A}}$ 单行文字(S)。

◇　功能区："注释"→"文字"→"单行文字" $\boxed{\text{A}}$。

◇　功能区："默认"→"注释"→"文字"→"单行文字" $\boxed{\text{A}}$ 单行文字。

◇　命令行：TEXT/DTEXT（快捷命令：DT）。

执行上述任一种命令，根据如下命令行提示，即可创建单行文字。

```
命令:TEXT
当前文字样式:"Standard" 文字高度:2.5000 注释性:否 对正:左
指定文字的起点或[对正(J)/样式(S)]:
指定高度<2.5000>:
指定文字的旋转角度<0>:
命令:
```

2. 操作说明

在指定文字的起点或"对正（J）/样式（S）"这一命令行输入"J"，则会弹出对正方式，共 15 种。分别如下：

"左"：指定文字基线的左端点，以此点左对齐文字。

"居中"：以基线的水平中心对齐文字，此水平中心由用户给出的点指定。

"右"：指定文字基线的右端点，以此点右对齐文字。

"对齐"：要求指定输入文字的起点和终点。文字的高度和宽度自动调整，使文字均匀分布于两点之间。文字越多，文字的高度和宽度越小。

"中间"：把指定点作为文字中心和高度中心。中间对齐的文字不保持在基线上。

"布满"：保持文字高度不变，文字布满由基线的起点和终点构成的区域。此方式只适用于水平方向的文字。文字字符串越长，字符越窄。

"左上"：以指定为文字顶点的点左对齐文字。

"中上"：以指定为文字顶点的点居中对齐文字。

"右上"：以指定为文字顶点的点右对齐文字。

"左中"：以指定为文字中间点的点左对齐文字。

"正中"：以文字的水平和垂直中央居中对齐文字。

"右中"：以指定为文字的中间点的点右对齐文字。

"左下"：以指定为文字的左下的点左对齐文字。

"中下"：以指定为文字的中下的点居中对齐文字。

"右下"：以指定为文字的右下的点右对齐文字。

7.1.3　标注多行文字

多行文字用于标注多行的较复杂、较长的文本内容，如图样的技术要求和说明等。与单行文字不同的是，多行文字创建的所有行或段落将被视为同一个编辑对象。

1. 执行方法

◇　菜单栏："绘图"→"文字"→"多行文字"。

◇　功能区：选择"文字"选项卡，单击"多行文字"按钮。

◇　命令行：MTEXT。

执行上述任一种命令，根据如下命令行提示，即可创建多行文字。

```
命令:MTEXT
当前文字样式:"Standard"　文字高度:2.5　注释性:否
指定第一角点:
指定对角点或[高度(H)/对正(J)/行距(L)/旋转(R)/样式(S)/宽度(W)/栏(C)]:
```

2. 操作说明

在创建完多行命令后，AutoCAD 会弹出如图 7-4 所示的多行文字"文字格式"编辑器。下面简要说明文字格式编辑器中部分重要的功能：

"样式"：包括样式、注释性和文字高度。单击"样式"下拉按钮，可以为多行文字对象应用文字样式。默认情况下，"标注"文字样式处于活动状态。

"多行文字对正"：显示"多行文字对正"菜单，与单行文字不同，它只有 9 个对齐选项可用，但对齐选项含义基本与前面单行文字对齐所述一致。它的 9 个选项内容如图 7-4 所示。

图 7-4　文字编辑器

"标尺"：在编辑器顶部显示标尺。拖动标尺末尾的箭头可更改多行文字对象的宽度。也可以从标尺中选择制表符。单击"制表符选择"按钮将更改制表符样式，如左对齐、居中、右对齐和小数点对齐。可以在标尺或"段落"对话框中调整相应的制表符。

"分栏"：显示弹出型菜单，可以设置"不分栏"、"静态栏"和"动态栏"等。

"段落"：显示"段落"对话框。"段落"对话框中的选项列表，如图 7-5 所示。

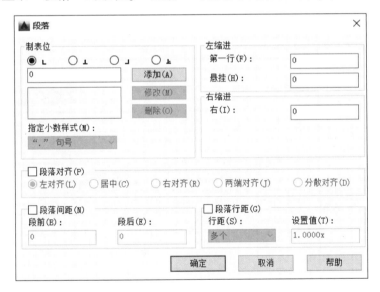

图 7-5　"段落"设置对话框

"符号"：单击图 7-6 中"确定"右侧的"选项"按钮，再单击"符号"按钮则会弹出如图 7-6 所示的级联菜单。菜单中列出了常用符号及其控制代码或 Unicode 字符串，如度数（％％ d）、正/负（％％ p）、直径（％％ c）、几乎相等（\U + 2248）等。若常用符号不能满足要求，则可以在字符映射表中找到需要的符号。选中所需符号，单击"选择"按钮，此时在字符映射表的最下方会显示出该符号的控制代码，再单击"复制"按钮，关掉字符映射表，在文字输入框中单击"粘贴"按钮，即可把符号输入到多行文字中。打开字符映射表的方法是：单击图 7-6 中最下面的"其他"选项，就会弹出字符映射表，如图 7-7 所示。从图 7-7 中最下方位置可得到选中符号的名称和控制代码，使用控制代码在单行文字中也可输入符号。

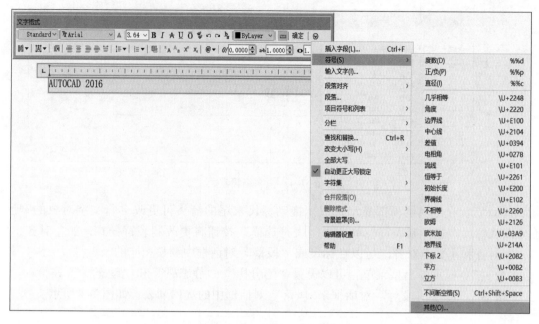

图 7-6　常用符号及控制代码

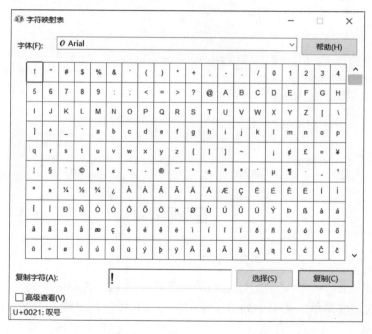

图 7-7　"字符映射表"对话框

7.1.4　编辑文字标注

在绘图过程中，如果文字标注不符合要求，可以通过编辑文字命令进行修改，如更改文字内容、调整其位置和更改其字体大小等。

1. 执行方法

◇ 菜单栏:"修改"→"对象"→"文字"→"编辑"。

◇ 快捷方式:选中文字→右击鼠标→"编辑",或在绘图区双击文字对象。

◇ 命令行:DDEDIT(快捷命令:ED)。

2. 操作说明

若用户编辑的文字是单行文字,则只可以修改文字内容,不能修改文字的样式。若需要改变文字样式,需在文字创建之前预先设定或选定文字的样式(参见文字样式相关内容)。用户可以修改文字的对正设置和比例设置,选择菜单栏中"修改"→"对象"→"文字"→"比例"/"对正"命令。

若用户编辑的文字是多行文字,则会弹出类似于图 7-4 所示的多行文字编辑器对话框,用户可在对话框中对显示的文字进行内容、大小、字体、颜色等多种属性的修改。

同时,不论是单行文字或多行文字都可以通过各自的"特性"进行全面的修改。

7.2 表格的绘制

表格是在行和列中包含数据的对象。创建表格对象时,先创建一个空表格,然后在表格中添加内容。AutoCAD 2016 提高了表格的创建和编辑功能,可以自动生成各类数据表格,用户可以直接引用默认的各种格式的表格,也可以自定义表格样式而创建用户自己的表格。

7.2.1 创建表格样式

表格的外观由表格样式控制。用户可以使用默认表格样式"Standard",也可以创建自己的表格样式。创建表格样式的目的是使创建出的表格更符合需要,从而方便后期对表格进行编辑。

1. 执行方法

◇ 菜单栏:"格式"→"表格样式"。

◇ 功能区:"注释"→"表格"→"表格样式" `Standard` →"管理表格样式" `管理表格样式...` 。

◇ 功能区:"默认"→"注释"→"表格样式" `Standard` 。

◇ 命令行:TABLESTYLE(快捷命令:TS)。

2. 操作说明

执行上述任意一种命令,则弹出如图 7-8 所示的"表格样式"对话框。用户可以利用该对话框定义表格式样。

各主要选项的含义如下:

"当前表格样式":显示应用于所建表格的表格样式的名称,默认为 Standard。

"样式":显示表格样式列表,当前样式被亮显。

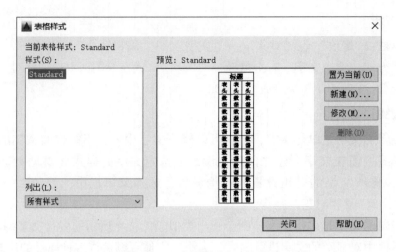

图 7-8　"表格样式"对话框

"列出"：控制"样式"列表格的过滤内容。

"预览"：显示"样式"列表格中选定样式的预览图像。

"置为当前"：将选定的表格样式设置为当前样式，所有新表格都使用此表格样式创建。

"新建"：显示"创建新的表格样式"对话框，从中可以定义新的表格样式。

"删除"：删除"样式"列表格中选定的表格样式。不能删除图形中正在使用的样式。

"修改"：修改现有表格样式，与定义新的表格样式界面相同，如图 7-9 所示。

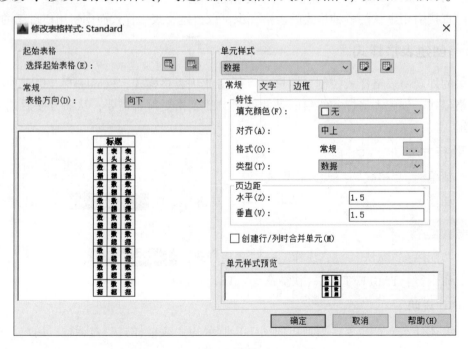

图 7-9　"修改表格样式"对话框

7.2.2　表格的创建与编辑

在 AutoCAD 2016 中，表格可以从其他软件中复制再粘贴过来生成，或从外部导入生成，也可以在 AutoCAD 中直接创建生成。本节主要讲述在 AutoCAD 中创建表格的方法。

1. 执行方法

◇　菜单栏："绘图"→"表格"。

◇　功能区："注释"→"表格"→"表格" 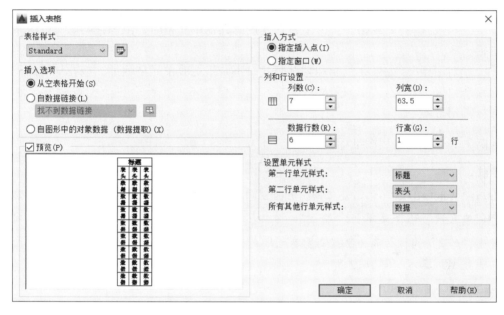。

◇　功能区："默认"→"注释"→"表格" ⊞ 表格。

◇　命令行：TABLE。

2. 操作说明

执行上述任意一种命令后，将出现如图 7-10 所示的"插入表格"对话框。

图 7-10　"插入表格"对话框

各主要选项含义如下：

"表格样式"：选择创建或插入表格的表格样式。

"插入选项"：指定插入表格的方式。可以从空表格开始，也可以从数据链接开始，还可以自图形中的对象数据开始。

"预览"：控制是否显示预览。如果是空表格，则预览显示表格样式的样例。如果创建了表格链接，则预览将显示结果表格。

"插入方式"：指定表格创建的位置。可以指定插入点，即指定表格左上角的位置；也可以指定窗口，即指定表格的大小和位置。

"列和行设置"：设置列和行的数目和大小。

"设置单元样式"：设置表格起始行的样式。可以为标题行、表头行和数据行。

创建好表格后，可以对表格进行"剪切""复制""删除""移动""缩放"和"旋转"等操作，还可以均匀调整表格行列大小，删除所有替代特性。可以单击表格上的任意网格线来选中表格，然后通过拉动夹点来修改；也可以选中任意单元格，通过 CAD 制图界面上方弹出的"表格单元"选项卡来修改。表格单元选项卡如图 7-11 所示。

图 7-11 "表格单元"选项卡

它可实现很多功能，如插入、删除行/列，合并单元格和使用公式等。其中使用公式需注意下列 3 点：

① "输入公式"：公式必须以等号（=）开始；用于求和，求平均值和计数的公式将忽略空单元格以及解析为数据值的单元格；如果在算术表达式中的任意单元格为空，或包含非数据，则其他公式将显示错误（#）。

② "复制公式"：在表格中将一个公式复制到其他单元格时，范围会随之更改，以反映新的位置。

③ "绝对引用"：如果在复制和粘贴公式时不希望更改单元格地址，应在地址的列或行处添加一个"$"符号。如，输入"$E7"列会保持不变，行会更改；若输入"E7"则列和行都保持不变。

示例 7.1：绘制电气图纸标题栏。

步骤：

①启动 AutoCAD 2016，新建文件，并将空白文件保存为"电气图纸标题栏.dwg"文件。

②创建表格。选择菜单栏"绘图"→"表格" 📧 表格... 命令。创建为 5 行 7 列的表格，其中，列宽为 4，行高为 2。设置单元样式：第一行单元样式为标题，第二行和所有其他行均为数据，具体如图 7-12 所示。

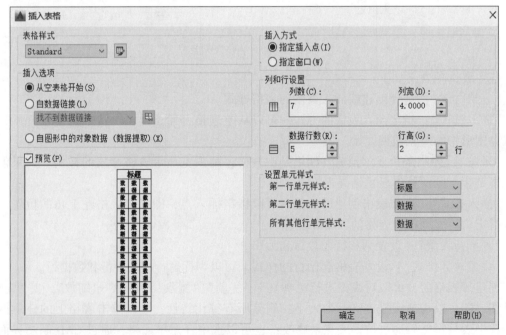

图 7-12 插入表格要求

③单击“确定”按钮，在绘图区域指定一点单击，将表格放置在该点，则成功创建表格。创建的表格对象如图 7-13 所示。

	A	B	C	D	E	F	G
1							
2							
3							
4							
5							
6							
7							

图 7-13　创建的表格对象

④拖动单元格，调整到合适的列宽和行高，具体如图 7-14 所示；对右侧的部分单元格进行合并：选择连续的多个单元格，在“合并”面板中单击“合并全部”按钮，对单元格进行合并操作，如图 7-15 所示。

图 7-14　调整列宽行宽

图 7-15　合并单元格

⑤双击单元格，输入文字，完成电气图纸标题栏的绘制。最终效果如图 7-16 所示。

绘制电气图纸标题栏示例					
××电力设计院				××区域10 kV开闭及出线电缆工程	施工图
所长		校核		10 kV配电设备布置图	
主任工程师		设计			
专业组长		CAD制图			
项目负责人		会签			
日期		比例		图号	B812S-D01-14

图 7-16　完整标题栏样式

7.3　尺　寸　标　注

尺寸标注可以精确地反映图形对象各部分的大小及相互关系，尺寸标注是建筑设计和机械图样中必不可少的内容，是使用图纸指导施工的重要依据。尺寸标注由标注文字、尺寸线、尺寸界线、尺寸线的末端四部分等组成。本节将介绍尺寸标注的有关知识。

7.3.1　尺寸标注的规定和组成

1. 尺寸标注的规定

工程设计中的尺寸标注应遵循一定的基本规则和行业标准，在我国的工程制图国家标准中，有以下四条基本规定：

①物体的真实大小应以图样上所标注的尺寸数值为依据，与图形的大小及绘图的精确度无关。

②图样中的尺寸以 mm（毫米）为单位时，不需要标注计量单位的代号或名称。如采用其他单位，则必须注明相应计量单位的代号或名称，如°（度）、m（米）及 cm（厘米）等。

③图样中所标注的尺寸为该图样所表示的物体的最后完工尺寸，否则应另加说明。

④机件的一个尺寸，一般只标注一次，并应标注在反映该结构最清晰的视图上。

2. 尺寸标注的组成

一个完整的尺寸标注由尺寸文字、尺寸线、尺寸箭头、尺寸界线等四部分组成，有时候还要用到圆心标记和中心线，如图 7-17 所示。尺寸标注时只需要标注关键数据，其余参数由预先设定的标注系统变量自动提供并完成标注，从而大大简化了尺寸标注的过程。

尺寸标注的主要组成部分的含义如下：

"尺寸文字"：表明图形的实际测量值。尺寸文字可以只反映基本尺寸，也可以带尺寸公

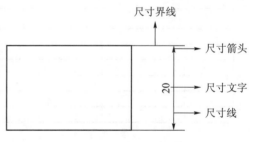

图 7-17　尺寸标注的组成

差。尺寸文字应按标准字体书写，同一张图纸上的字高要一致。尺寸文字在图中遇到图线时须将图线断开，如果图线断开影响图形表达，则需要调整尺寸标注的位置。

"尺寸线"：表明标注的范围。AutoCAD 通常将尺寸线放置在测量区域中。如果空间不足，则将尺寸线或文字移到测量区域的外部，可由标注样式设定。

"尺寸箭头"：显示在尺寸线的末端，用于指出测量的开始和结束位置。AutoCAD 默认使用闭合的填充箭头符号作为尺寸线末端的符号。此外，还提供了多种形式以满足不同的行业需要，如建筑标记、小斜线箭头、点和斜杠等。

"尺寸界线"：从标注起点引出的标明标注范围的直线。可以从图形的轮廓线、轴线、对称中心线引出，同时，轮廓线、轴线及对称中心线也可以作为尺寸界线。

7.3.2 设置尺寸标注样式

标注样式是标注设置命令的集合，可以控制标注的外观，如箭头的样式，文字的位置和尺寸公差等。用户可以利用 AutoCAD 提供的"标注样式管理器"，根据国家标准等创建标注样式和修改标注样式。

1. 执行方法

◇ 菜单栏："格式"→"标注样式"。

◇ 功能区："注释"→"标注"→"标注样式"，如图 7-18 所示。

◇ 命令行：DIMSTYLE（快捷命令：D）。

2. 操作说明

执行上述任意方式后，将打开标注样式管理器对话框，如图 7-19 所示。

图 7-18 标注样式位置图

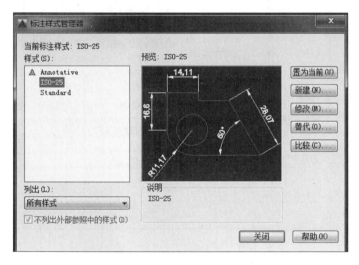

图 7-19 标注样式管理器

标注样式管理器各选项说明如下：

① "新建"：定义一个新的尺寸标注样式。单击此按钮，系统打开"创建新标注样式"对话框，如图 7-20 所示，利用此对话框可以创建一个新的尺寸标注样式。创建新标注样式对话框中各选项的功能如下：

"新样式名"：给新的尺寸标注样式命名。

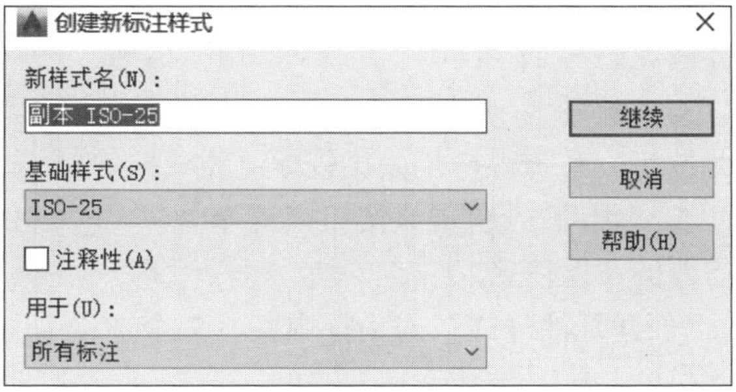

图 7-20 "创建新标注样式"窗口

"基础样式": 创建新样式所基于的样式标注。单击右侧的下三角按钮, 出现当前已有的样式列表, 从中选取一个作为定义新样式的基础, 新的样式是在此基础上修改一些特性得到的。

"用于": 制定新样式应用的尺寸类型。单击右侧的下三角按钮, 出现尺寸类型列表, 如果新建样式应用于所有尺寸, 则选 "所有标注"; 如果新建样式只应用于特定的尺寸标注 (例如只在标注直径时使用此样式), 则选取相应的类型。

"继续": 设置好样式后, 单击 "继续" 按钮, 系统打开 "新建标注样式" 对话框, 利用此对话框可对新样式的 7 项特性进行设置。

② "修改": 用于修改目前选取的标注样式, 单击 "修改" 按钮, 系统将打开 "修改" 标注样式对话框, 其界面如图 7-21 所示。

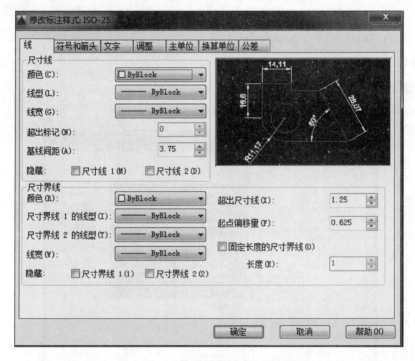

图 7-21   "修改标注样式" 对话框

③ "替代": 用于设定目前标注样式的暂时替代设置, 只对指定的尺寸标注起作用, 而不影响当前尺寸变量的设置。单击 "替代" 按钮, 系统将打开 "替代当前样式" 对话框, 其界面如图 7-22 所示。

④ "比较": 比较两个尺寸样式在参数上的区别, 或浏览一个标注样式的参数设置。单击此按钮, 系统将打开 "比较标注样式" 对话框, 如图 7-23 所示。

⑤ "帮助": 单击该按钮, 将弹出 "AutoCAD 2016-帮助" 窗口, 在这个窗口可以查找所需要的帮助信息。

"新建标注样式" 对话框中共有 7 个选项卡, 分别介绍如下:

(1) "线" 选项卡

在新建标注样式对话框中, 使用 "线" 选项卡可以设置尺寸线和延伸线 (尺寸界线) 的形式和特征, 如图 7-24 所示, 各选项的功能说明如下:

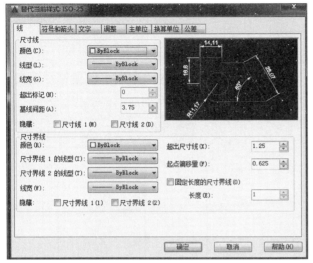

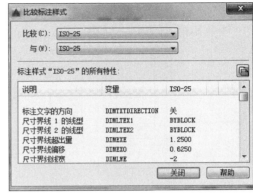

图 7-22 "替代当前样式"对话框   图 7-23 "比较标注样式"对话框

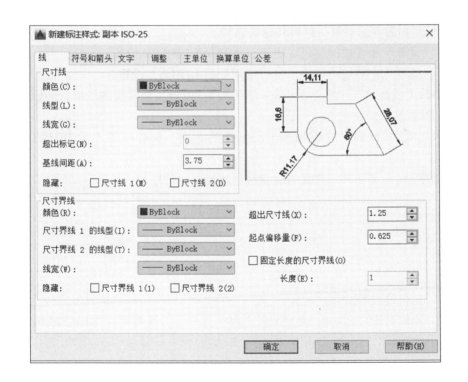

图 7-24 "新建标注样式"对话框

① "尺寸线"：在尺寸线选项区域中可以设置尺寸线的颜色、线型、线宽等。

"颜色"：用于设置尺寸线的颜色，默认情况下，尺寸线的颜色随块，也可以使用变量 DIMCLRD 设置。

"线型"：用于设置尺寸线的线型，该选项没有对应的变量。

"线宽"：用于设置尺寸线的宽度，默认情况下，尺寸线的线宽也是随块，也可以使用变量 DIMLWD 设置。

"超出标记"：当尺寸线的箭头采用倾斜、建筑标记、小点、积分或无标记等样式时，使用该文本框可以设置尺寸线超出延伸线的长度。

"基线间距"：设置基线标注时各尺寸线间的距离，如图 7-25 所示。

"隐藏"：通过选择"尺寸线 1"或"尺寸线 2"复选框，设置隐藏第 1 段或第 2 段尺寸线及其相应的箭头，如图 7-26 所示。

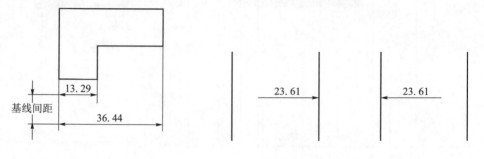

图 7-25　基线间距　　　　　　　图 7-26　隐藏尺寸线示意图

② "尺寸界线"：在尺寸界线选项区域中，可以设置尺寸界线的颜色、线型、线宽、超出尺寸线的长度和起点偏移量，隐藏控制等属性。

"颜色"：设置尺寸界线的颜色，也可以用变量 DIMCLRE 设置。

"线宽"：设置尺寸界线的宽度，也可以用变量 DIMLWE 设置。

"尺寸界线 1 的线型"／"尺寸界线 2 的线型"：设置尺寸界线的线型，两段尺寸界线可以设置不同的线型。

"超出尺寸线"：设置尺寸界线超出尺寸线的距离，也可以用变量 DIMEXE 设置，如图 7-27 所示。

"起点偏移量"：设置尺寸界线的起点与标注定义点的距离，如图 7-28 所示。

图 7-27　超出尺寸线距离示意图　　　　图 7-28　起点偏移量示意图

"隐藏"：通过选中"尺寸界线 1"或"尺寸界线 2"复选框，可以隐藏尺寸界线，如图 7-29 所示。

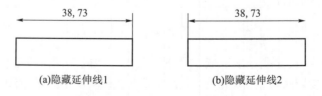

(a)隐藏延伸线1　　　　　　(b)隐藏延伸线2

图 7-29　隐藏尺寸界线示意图

"固定长度的尺寸界线"：选中该复选框，可以使用具有特定长度的尺寸界线标注图形，其中在"长度"文本框中可以输入尺寸界线的数值。

（2）"符号和箭头"选项卡

在新建标注样式对话框中，使用"符号和箭头"选项卡可以设置箭头、圆心标记、弧长符号和半径折弯标注的格式与位置等，如图 7-30 所示。各选项的功能说明如下：

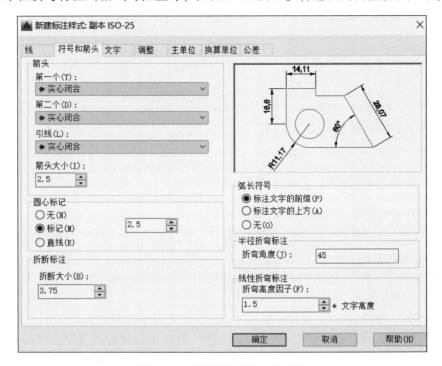

图 7-30　"符号和箭头"选项卡

①"箭头"：在箭头选项区域中可以设置尺寸线和引线箭头的类型及尺寸大小等。通常情况下，尺寸线的两个箭头应一致。为了适用于不同类型的图形标注需要，系统设置了 20 多种箭头样式。可以从对应的下拉列表框中选择箭头，并在"箭头大小"文本框中设置其大小。也可以使用自定义箭头，此时可在下拉列表框中选择"用户箭头"选项，打开"选择自定义箭头块"对话框，在文本框内输入当前图形中已有的块名，确定即可，系统将以该块作为尺寸线的箭头样式，此时块的插入基点与尺寸线的端点重合。

②"圆心标记"：在圆心标记选项区域中可以设置圆或圆弧的圆心标记类型，有标记、直线和无三个选项。

"标记"：是对圆或圆弧绘制圆心标记。

"直线"：是对圆或圆弧绘制中心线。

"无"：是没有任何标记，如图 7-31 所示。当选择"标记"或"直线"单选按钮时，可以在"大小"文本框中设置圆心标记的大小。

③"弧长符号"：弧长符号选项区域中可以设置弧长符号是否显示以及显示的位置，包括放置在标注文字之前（前缀）、放在标注文字的上方和不标注弧长符号（无）三种方式，如图 7-32 所示。

④"半径折弯标注"：在半径折弯标注选项区域的"折弯角度"文本框中，可以设置标注圆弧半径时标注线的折弯角度大小。

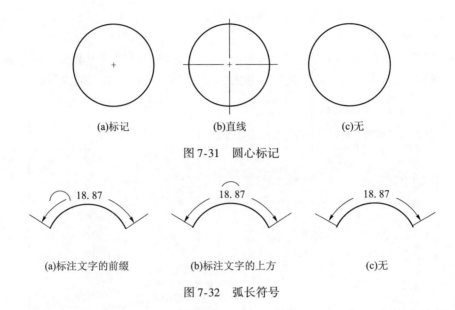

图 7-31　圆心标记

图 7-32　弧长符号

⑤ "折断标注"：在折断标注选项区域的"折断大小"文本框中，可以设置标注折断时标注线的长度大小。

⑥ "线性折弯标注"：在线性折弯标注选项区域的"折弯高度因子"文本框中，可以设置折弯标注打断时折弯线的高度大小。

（3）"文字"选项卡

在新建标注样式对话框中，可以使用"文字"选项卡设置标注文字的外观、位置和对齐方式，如图 7-33 所示。

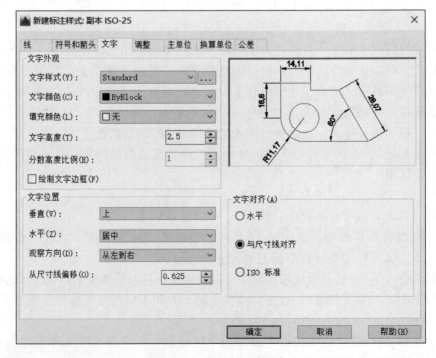

图 7-33　"文字"选项卡

①"文字外观"：在文字外观选项区域中可以设置文字的样式、颜色、高度和分数高度比例，以及控制是否绘制文字边框等。各选项的功能说明如下：

"文字样式"：选择标注的文字样式，也可以点击其后的按钮，打开"文字样式"对话框，选择文字样式或新建文字样式。

"文字颜色"：设置标注文字的颜色，也可以用变量 DIMCLRT 设置。

"填充颜色"：设置标注文字的背景色。

"文字高度"：设置标注文字的高度，也可以用变量 DIMTXT 设置。

"分数高度比例"：设置标注文字中的分数相对于其他标注文字的比例，系统将该比例值与标注文字高度的乘积作为分数的高度。

"绘制文字边框"：设置是否给标注文字加边框。

②"文字位置"：在文字位置选项区域中可以设置文字的垂直、水平位置以及从尺寸线的偏移量，各选项的功能说明如下：

"垂直"：设置标注文字相对于尺寸线在垂直方向的位置，有"居中""上""下""外部""JIS"。各种选项的设置效果，如图 7-34 所示。

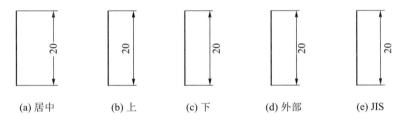

图 7-34　尺寸文本在垂直方向的位置

"水平"：设置标注文字相对于尺寸线和尺寸界线在水平方向的位置，有"居中""第一条尺寸界线""第二条尺寸界线""第一条尺寸界线上方""第二条尺寸界线上方"五个选项，如图 7-35 所示。

图 7-35　尺寸文本在水平方向的放置

"观察方向"：控制标注文字的观察方向。

"从尺寸线偏移"：设置标注文字与尺寸线之间的距离。如果标注文字位于尺寸线的中间，则表示断开处尺寸线端点与尺寸文字的间距；若标注文字带有边框，则可以控制文字边框与其中文字的距离。

③"文字对齐"：在文字对齐选项区域中，可以设置标注文字是保持水平，还是与尺寸线平行。其中三个选项的含义如下：

"水平"：使标注文字水平放置。

"与尺寸线对齐"：使标注文字方向与尺寸线方向一致。

"ISO 标准"：使标注文字按 ISO 标准放置，当标注文字在尺寸界线之内时，它的方向与尺寸线方向一致；当在尺寸界线之外时将水平放置。

（4）"调整"选项卡

在新建标注样式对话框中，通过"调整"选项卡可以设置标注文字、尺寸线、尺寸箭头的位置，如图 7-36 所示。

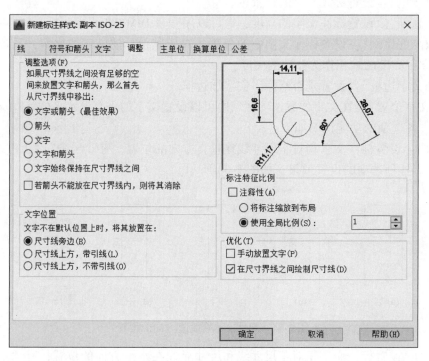

图 7-36 "调整"选项卡

① "调整选项"：设置当尺寸界线之间没有足够的空间放置文字和箭头符号时，首先从尺寸界线中移出的选项。可以是文字和箭头按最佳效果选择性移出，系统将自动处理；也可以只移出箭头或只移出文字，或同时移出箭头和文字，或保持文字始终在尺寸界线内，另外当箭头不能放在尺寸界线之间时也可以不显示箭头。

② "文字位置"：设置当文字不在默认位置时的位置。可以是放置在尺寸线旁边；也可以放在尺寸线上方，带引线，或不带引线。

③ "标注特征比例"：设置所标注尺寸的缩放关系。选择"将标注缩放到布局"是根据当前模型空间视口与图纸空间之间的缩放关系设置比例；选择"使用全局比例"是对全部尺寸标注设置缩放比例，此比例不改变尺寸的测量值。

④ "优化"：设置标注尺寸时是否进行附加调整。选择"手动放置文字"则忽略对标注文字的水平设置，在标注时将标注文字放置在用户指定的位置；选择"在尺寸界线之间绘制尺寸线"则当尺寸箭头放置在尺寸线之外时，也可在尺寸界线内绘出尺寸线。

（5）"主单位"选项卡

在新建标注样式对话框中，可以使用"主单位"选项卡设置主单位的格式与精度，以及设定标注文字的前缀和字尾等，如图 7-37 所示。

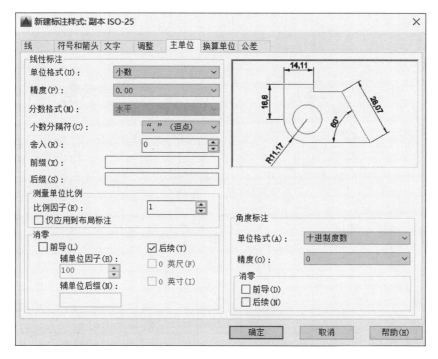

图 7-37　主单位选项卡

① "线性标注"：设置标注主单位的格式，如小数、分数、工程、建筑等不同的格式；设置单位的精度、分数的格式、小数分隔符、舍入精度等选项，还可以设置标注文字的前缀和后缀。

② "测量单位比例"：设置线性标注测量时的比例因子。默认为 1，即测量值和标注值相同；若设置为 2，则标注值是测量值的 2 倍。此值不应用到角度标注、舍入值及正负公差值。

③ "角度标注"：设置角度标注的格式和精度。格式有十进制度数、度/分/秒、弧度和百分度格式。

④ "消零"：设置标注数值前导零和后续零是否消除。

（6）"换算单位"选项卡

在新建标注样式对话框中，可以使用"换算单位"选项卡设置换算单位的格式，如图 7-38 所示。

用户通过换算标注单位，可以转换使用不同测量单位制的标注，通常是显示英制标注的等效公制标注，或公制标注的等效英制标注。在标注文字中，换算标注单位显示在主单位旁边的方括号 [　] 中，如图 7-39 所示就是换算单位格式为小数，换算倍数为 2 的尺寸标注。

（7）"公差"选项卡

在新建标注样式对话框中，可以使用"公差"选项卡设置标注文字公差的显示和格式、是否标注公差、以何种方式进行标注等，如图 7-40 所示。

"方式"：确定以何种方式标注公差，有五种方式，如图 7-41 所示。

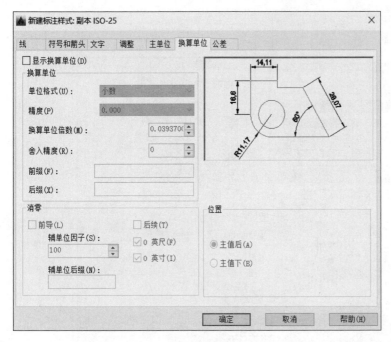

图 7-38 "换算单位"选项卡

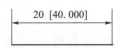

图 7-39 两倍换算单位

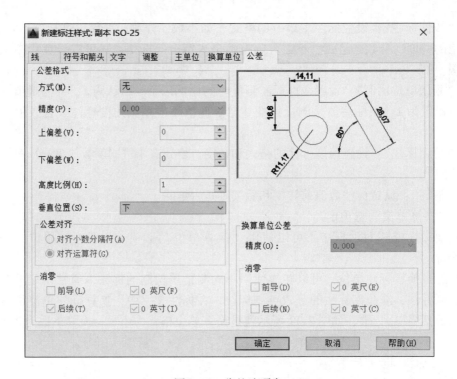

图 7-40 公差选项卡

"上偏差" / "下偏差"：设置尺寸的上偏差、下偏差。

"高度比例"：确定公差文字的高度比例因子。确定后，系统将该比例因子与尺寸文字高度之积作为公差文字的高度。

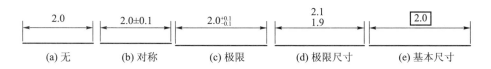

图 7-41　公差标注的形式

"垂直位置"：控制公差文字相对于尺寸文字的位置，包括上、中和下三种方式。

"换算单位公差"：当标注换算单位时，可以设置换算单位精度和是否消零。

7.3.3　常用尺寸标注

常用的尺寸标注方式包括线性、对齐、快速、连续、基线、半径、直径和角度标注。下面将分别进行介绍。

1. 线性标注

线性标注是进行水平或垂直方向的两点间的长度标注。

其执行方法如下：

◇　菜单栏："标注"→"线性"。

◇　功能区："默认"→"注释"→"线性"。

◇　功能区："注释"→"标注"→"线性"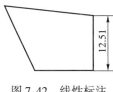。

◇　命令行：DIMLINEAR（快捷命令：DLI）。

执行上述命令后，命令行提示如下，线性标注示意图如图 7-42 所示。

图 7-42　线性标注

```
命令：DIMLINEAR
指定第一个尺寸界线原点或 < 选择对象 >：
指定第二条尺寸界线原点：
指定尺寸线位置或
[多行文字(M)/文字(T)/角度(A)/水平(H)/垂直(V)/旋转(R)]：
标注文字 =12.51
```

2. 对齐标注

在对直线段进行标注时，如果该直线的倾斜角度未知，那么使用线性标注方法将无法得到准确的测量结果，这时可以使用对齐标注。这种标注指示的是与所标注的轮廓线平行的线段的距离。使用对齐标注时，尺寸线将平行于两尺寸线界线原点之间的直线。

其执行方法如下：

◇　菜单栏："标注"→"对齐"。

◇　功能区："注释"→"标注"→"对齐"。

◇　命令行：DIMALIGNED（快捷命令：DAL）。

执行上述命令后，命令行提示如下，对齐标注示意图如图 7-43 所示。

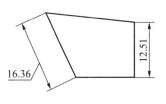

图 7-43　对齐标注

```
命令:DIMALIGNED
指定第一个尺寸界线原点或<选择对象>:
指定第二条尺寸界线原点:
指定尺寸线位置或[多行文字(M)/文字(T)/角度(A)]:
标注文字 =16.36
```

3. 快速标注

快速标注命令使用户可以交互、动态、自动地进行尺寸标注，可以同时选择多个对象进行基线标注和连续标注，也可以同时选择多个圆或圆弧标注直径、半径，选择一次即可完成多个标注，极大地提高了工作效率。

其执行方法如下：

◇　菜单栏："标注" → "快速标注"。

◇　功能区："注释" → "标注" → "快速" 快速。

◇　命令行：QDIM。

按图 7-44 绘制图形，并在执行"快速标注"命令后，从左到右依次选择矩形 1、2、3、4，最后选择圆 5，命令行提示如下，效果如图 7-44 所示。

```
命令:QDIM
关联标注优先级 = 端点
选择要标注的几何图形:找到 1 个
选择要标注的几何图形:找到 1 个,总计 2 个
选择要标注的几何图形:找到 1 个,总计 3 个
选择要标注的几何图形:找到 1 个,总计 4 个
选择要标注的几何图形:找到 1 个,总计 5 个
选择要标注的几何图形:
指定尺寸线位置或[连续(C)/并列(S)/基线(B)/坐标(O)/半径(R)/直径(D)/基准点(P)/编辑(E)/
设置(T)]<连续>:
```

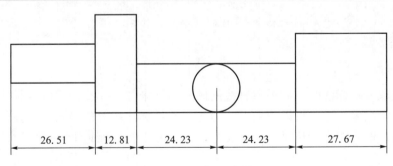

图 7-44　快速标注效果图

4. 连续标注

连续标注用于产生一系列端对端的尺寸标注，每一个连续标注都从前一个标注的第二条尺寸界线处开始。适合用于长度标注、角度标注和坐标标注等。

其执行方法如下：

◇　菜单栏："标注" → "连续"。

◇　功能区："注释" → "标注" → "连续" 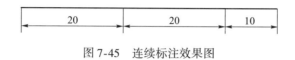。

◇　命令行：DIMCONTINUE（快捷命令：DCO）。

执行上述命令后，命令行提示如下，标注效果如图 7-45 所示。

```
命令:DIMCONTINUE
指定第二个尺寸界限原点或[选择(S)/放弃(U)]<选择>:
标注尺寸=20
指定第二个尺寸界限原点或[选择(S)/放弃(U)]<选择>:
标注尺寸=10
指定第二个尺寸界限原点或[选择(S)/放弃(U)]<选择>:*取消*
窗交(C)套索  按空格键可循环浏览选项
```

图 7-45　连续标注效果图

> **注意：**
>
> 　连续标注需要有第一个标注，因为要以第一个标注的第二条尺寸界线为起点。

5. 基线标注

基线标注用于产生一系列基于同一条尺寸延伸线的尺寸标注，适用于长度标注、角度标注和坐标标注等。基线标注必须在前一个标注后使用，如果之前没有标注，则无法进行基线标注。

其执行方法如下：

◇　菜单栏："标注" → "基线"。

◇　功能区："注释" → "标注" → "连续"下拉按钮 → "基线" 。

◇　命令行：DIMBASELINE（快捷命令：DBA）。

命令行提示如下，基线标注效果如图 7-46 所示。

```
命令:DIMBASELINE
选择基准标注:
指定第二个尺寸界限原点或[选择(S)/放弃(U)]<选择>:
标注尺寸=40
指定第二个尺寸界限原点或[选择(S)/放弃(U)]<选择>:
标注尺寸=50
指定第二个尺寸界限原点或[选择(S)/放弃(U)]<选择>:
标注尺寸=60
指定第二个尺寸界限原点或[选择(S)/放弃(U)]<选择>:*取消*
```

因为基线标注将把上一个标注的第一条延伸线作为基准线，所以只需依次给出第二条及后续延伸线的原点位置即可实现连续的多个尺寸的基线标注。在命令行输入字母 S 或直接按【Enter】键，需要重新选择作为基准的尺寸标注。

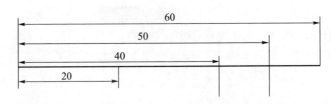

图 7-46　基线标注效果图

6. 半径标注

半径标注用于测量选定的圆弧或圆的半径，并显示附带字母"R"的标注文字。其执行方式如下：

◇　菜单栏："标注"→"半径"。

◇　功能区："注释"→"标注"→"线性"下拉按钮→"半径" 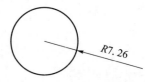。

◇　命令行：DIMRADIUS（快捷命令：DRA）。

命令行提示如下，半径标注效果如图 7-47 所示。

图 7-47　半径标注效果图

```
命令:DIMRADIUS
选择圆弧或圆:
标注尺寸 =7.26
指定尺寸线位置或[多行文字(M)/文字(T)/角度(A)]:
命令:
```

当选择了需要标注半径的圆或圆弧后，直接确定尺寸线的位置，系统将按实际测量值标注出圆或圆弧的半径。进行半径标注时，在其标注的数值前是有半径符号"R"的。但在通过"多行文字（M）"和"文字（T）"选项重新确定尺寸文字时，只有给输入的尺寸文字加上前缀"R"才能标出半径尺寸符号，否则不显示半径符号。

7. 直径标注

直径标注用于测量选定的圆弧或圆的直径，并显示附带直径符号"φ"的标注文字。其执行方法如下：

◇　菜单栏："标注"→"直径"。

◇　功能区："注释"→"标注"→"线性"下拉按钮→"直径" 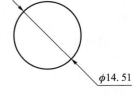。

◇　命令行：DIMDIAMETER（快捷命令：DDI）。

命令行提示如下，标注效果如图 7-48 所示。

图 7-48　直径标注效果图

```
命令:DIMDIAMETER
选择圆弧或圆:
标注尺寸 =14.51
指定尺寸线位置或[多行文字(M)/文字(T)/角度(A)]:
命令:
```

直径标注的方法与半径标注的方法相同。进行直径标注时，在其标注的数值前同样是有直径符号"φ"的。与半径标注不同的是，在通过"多行文字（M）"和"文字（T）"选项重新确定尺寸文字时，在尺寸文字前加的前缀不同，是直径符号控制代码"％C"，才能使标出的直径尺寸有直径符号"φ"。

8. 弧长标注

弧长标注用于测量和显示圆弧的长度，并显示前面带有圆弧符号的标注文字。

其执行方法如下：

◇ 菜单栏："标注" → "弧长"。

◇ 功能区："注释" → "标注" → "线性"下拉按钮 → "弧长" 弧长。

◇ 命令行：DIMARC。

执行上述命令后，标准弧长命令效果如图 7-49（a）所示，部分弧长命令效果如图 7-49（b）所示，引线弧长命令效果如图 7-49（c）所示。引线弧长命令行提示如下，部分弧长如图 7-49（b）所示。

```
命令:DIMARC
选择弧线段或多段线圆弧段:
指定弧长标注位置或[多行文字(M)/文字(T)/角度(A)/部分(P)/引线(L)]:P
指定弧长标注的第一个点:
指定弧长标注的第二个点:
指定弧长标注位置或[多行文字(M)/文字(T)/角度(A)/部分(P)/引线(L)]:
标注文字=11.47
命令:
命令:
命令:DIMARC
选择弧线段或多段线圆弧段:
指定弧长标注位置或[多行文字(M)/文字(T)/角度(A)/部分(P)/引线(L)]:L
指定弧长标注位置或[多行文字(M)/文字(T)/角度(A)/部分(P)/引线(L)]:
标注文字=44.35
```

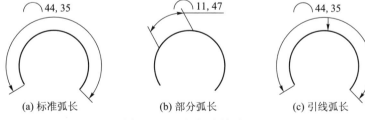

(a) 标准弧长　　　　(b) 部分弧长　　　　(c) 引线弧长

图 7-49　弧长标注效果图

9. 角度标注

角度标注用于测量圆弧、圆、两条不平行直线间和三点间的角度等。

其执行方法如下：

◇ 菜单栏："标注" → "角度"。

◇ 功能区："注释" → "标注" → "线性"下拉按钮 → "角度" 角度。

◇ 命令行：DIMANGULAR（快捷命令：DAN）。

角度标注的提示会由于标注角度的对象的不同略有不同。

"标注圆弧角度"：如果直接确定标注弧线的位置，系统会按实际测量值标注出角度，如图 7-50（a）所示。

"标注圆角度"：当选择圆时，第一个端点是选择圆时的选点，但会要求确定另一点作为角度的第二个端点，该点可以在圆上，也可以不在圆

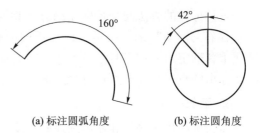

(a) 标注圆弧角度   (b) 标注圆角度

图 7-50　标注圆弧/圆角度效果图

上，最后再确定标注弧线的位置，系统将以圆心为角度的顶点，以通过所选择的两个点为延伸线标注圆角度，如图 7-50（b）所示。

```
命令：DIMANGULAR
选择圆弧、圆、直线或 <指定顶点 >：
指定弧长标注位置或 [多行文字 (M) /文字 (T) /角度 (A) /象限点 (Q) ]：
标注文字 =160
命令：
命令：
命令：DIMANGULAR
选择圆弧、圆、直线或 <指定顶点 >：
指定角的第二个端点：
指定弧长标注位置或 [多行文字 (M) /文字 (T) /角度 (A) /象限点 (Q) ]：
标注文字 =42
```

"标注两条不平行直线之间的夹角"：需要选择这两条直线，然后确定标注弧线的位置，系统将自动标注出这两条直线的夹角，如图 7-51 所示。

"根据三个点标注角度"：角度命令后，要输入"指定顶点"文字才会出现这个命令。这时首先需要确定角的顶点，然后分别指定角的两个端点，最后指定标注弧线的位置，如图 7-51 所示。

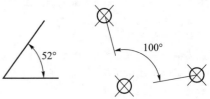

图 7-51　标注角度效果图

```
命令：DIMANGULAR
选择圆弧、圆、直线或 <指定顶点 >：
选择第二条直线：
指定标注弧线位置或 [多行文字 (M) /文字 (T) /角度 (A) /象限点 (Q) ]：
标注文字 =52
命令：
命令：
命令：DIMANGULAR
选择圆弧、圆、直线或 <指定顶点 >：
指定角的顶点：
```

```
指定角的第一个端点:
指定角的第二个端点:
指定标注弧线位置或[多行文字(M)/文字(T)/角度(A)/象限点(Q)]:
标注文字 =100
```

10. 坐标标注

坐标标注用于标明图形空间中的点与坐标原点（基准）之间的水平或垂直距离。坐标标注由 X 或 Y 值和引线组成。

其执行方法如下：

◇ 菜单栏："标注" → "坐标"。

◇ 功能区："注释" → "标注" → "线性" 下拉
按钮→ "坐标"  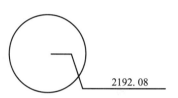。

◇ 命令行：DIMORDINATE。

执行上述命令后，默认情况下，指定引线的端点位置后，系统将在该点标注出指定点坐标。命令行提示如下，坐标标注效果如图 7-52 所示。

图 7-52 坐标标注效果图

```
命令:DIMORDINATE
指定点坐标:
指定引线端点或[X基准(X)/Y基准(Y)/多行文字(M)/文字(T)/角度(A)]:
标注文字 =2192.08
```

11. 多重引线标注

多重引线，由引线基线、箭头和文字三部分标注组成，如图 7-53 所示。引线标注使用方便，可以在图形的任意点或对象上创建引线，引线可以由直线段或平滑的样条曲线段构成，用户还可以在引线上附着块参照和特征控制框。

其执行方法如下：

◇ 菜单栏："标注" → "多重引线"。

◇ 功能区："注释" → "引线" → "多重引线"  。

◇ 命令行：MLEADER。

执行上述命令后，多重引线标注效果如图 7-54 所示。"多重引线" 是文字输入的。命令行提示如下：

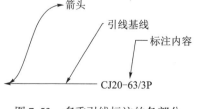

图 7-53 多重引线标注的各部分    图 7-54 多重引线标注效果图

```
命令:MLEADER
指定引线箭头的位置或[引线基线优先(L)/内容优先(C)/选项(O)]<选项>:
指定引线基线的位置:
```

7.3.4 编辑尺寸标注

AutoCAD 中尺寸标注的编辑分为标注的编辑和标注文本的编辑。

1. 标注的编辑

允许对已经创建好的尺寸标注进行逻辑修改，包括修改尺寸文本的内容、改变其位置、使尺寸文本倾斜一定的角度等，还可以对尺寸的延伸线进行编辑。

其执行方法如下：

◇ 菜单栏："标注"→"倾斜"。

◇ 功能区："注释"→"标注"下拉按钮→"倾斜" 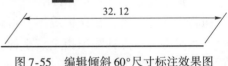。

◇ 命令行：DIMEDIT（快捷命令：DED）。

执行上述命令后，命令行提示如下，编辑尺寸标注倾斜 60°的效果如图 7-55 所示。

图 7-55 编辑倾斜 60°尺寸标注效果图

```
命令:DIMEDIT
输入标注编辑类型[默认(H)/新建(N)/旋转(R)/倾斜(O)]<默认>:O
选择对象:找到 1 个
选择对象:
输入倾斜角度(按 ENTER 表示无):60
命令:
```

各选项说明如下：

"默认（H）"：按尺寸标注样式中设置的默认位置和方向放置尺寸文本。

"新建（N）"：选择此选项，系统打开多行文字编辑器，可利用此编辑器对尺寸文本进行创建或修改。

"旋转（R）"：改变尺寸文本行的倾斜角度。尺寸文本的中心点不变，使文本沿指定的角度倾斜排列。

"倾斜（O）"：修改尺寸标注的尺寸延伸线，使其倾斜一定角度，与尺寸线不垂直。

2. 文本的编辑

可以改变尺寸文本的位置，使其位于尺寸线的左端、右端或中间，而且可以使文本倾斜一定的角度。

其执行方法如下：

◇ 菜单栏："标注"→"对齐文字"→"角度"。

◇ 功能区："注释"→"标注"下拉按钮→"文字角度" 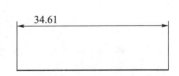。

◇ 命令行：DIMTEDIT。

执行上述命令后，命令行提示如下，编辑尺寸文本左对齐的效果如图 7-56 所示。

图 7-56 文本左对齐效果

```
命令:DIMTEDIT
选择标注:
为标注文字指定新位置[左对齐(L)/右对齐(R)/居中(C)/默认(H)/角度(A)]:L
```

各选项说明如下：

"指定标注文字的新位置"：更新尺寸文本的位置，用鼠标把文本拖到新的位置。

"左对齐（L）"/"右对齐（R）"：使尺寸文本沿尺寸线向左（或右）对齐，如图 7-56 所示，此选项只对长度型、半径型、直径型尺寸标注起作用。

"居中（C）"：把尺寸文本放在尺寸线的中间位置。

"默认（H）"：把尺寸文本按默认位置放置。

"角度（A）"：改变尺寸文本行的倾斜角度。

3. 替代和更新

"替代"：替代功能可以临时修改尺寸标注的系统变量设置，并按该设置修改尺寸标注。其执行方式如下：

◇　菜单栏："标注"→"替代（V）"。

◇　功能区："注释"→"标注"下拉按钮→"替代" ![icon] 。

◇　命令行：DIMOVERRIDE。

执行上述命令后，命令行提示如下。

```
命令:DIMOVERRIDE
输入要替代的标注变量名或[清除替代(C)]:*取消*
```

默认情况下，输入要修改的系统变量名，并为该变量指定一个新值。然后选择需要修改的对象，这时指定的尺寸对象将按新的变量设置做出相应的更改。

如果在上述提示下，输入字母 C，则可以取消用户已做出的修改，并将标注对象恢复成当前系统变量设置下的标注形式。

"更新"：更新功能可以更新标注对象，使该对象使用当前的标注样式设置。其执行方式如下：

◇　菜单栏："标注"→"更新"。

◇　功能区："注释"→"标注"→"更新" ![icon] 。

◇　命令行：DIMSTYLE。

执行上述命令后，命令行提示如下。

```
命令:DIMSTYLE
当前标注样式:副本 ISO-25　注释性:否
输入标注样式选项
[注释性(AN)/保存(S)/恢复(R)/状态(ST)/变量(V)/应用(A)/?]<恢复>:_apply
选择对象:找到一个
选择对象:
```

4. 尺寸关联

在尺寸标注对象之间建立了几何驱动的尺寸标注称为尺寸关联，即当用户用修改命令对标注对象进行修改后，与之关联的尺寸会发生更新，图形尺寸也会发生相应变化。利用这个特点，在修改标注对象后不必重新标注尺寸，简洁方便。

尺寸关联标注的设置，选择菜单"工具"→"选项"→"用户系统设置"选项卡，在"关联标注"区勾选"使新标注可关联"复选框，如图 7-57 所示。

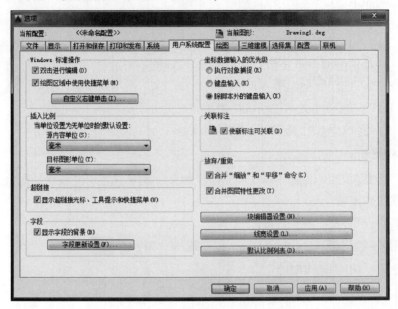

图 7-57　"关联标注"设置对话框

要查看对象是否为关联，可以在"特性"对话框中查看。双击尺寸对象，打开"特性"对话框，对话框中的"关联"特性值可说明尺寸标注是否为关联标注。

示例 7.2：标注图 7-58 中的尺寸，以及图中文字。

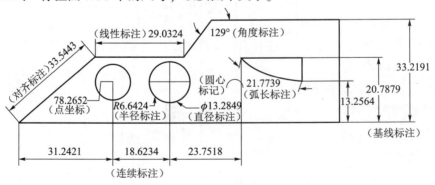

图 7-58　标注示意图

步骤：

①绘制出图 7-58 中粗黑线部分图案。利用"直线"、"圆"和"圆弧"命令绘制。其中两个圆的圆心是在同一水平线上，结果如图 7-59 所示。

②按照本章所学内容进行一些基础的标注。线性标注、角度标注、对齐标注、半径标注、直径标注、点坐标和弧长标注。这些标注没有多余的操作，按照之前所讲的命令步骤一步步来即可。结果如图 7-60 所示。

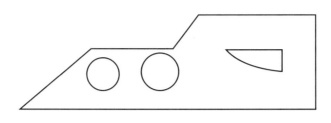

图 7-59 绘制图形

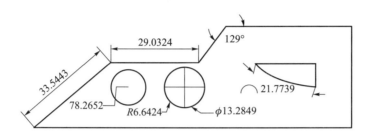

图 7-60 基础标注后示意图

③再添加上连续标注、基线标注和圆心标记。提示：连续标注和基线标注都要有第一条标注才可以使用。设置圆心标记样式为直线。如果文字、箭头和圆心标记显示并不明显，可以设置更改它们的高度，直到合适为止。结果如图 7-61 所示。

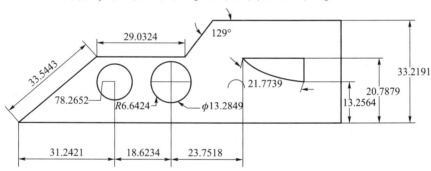

图 7-61 完整标注后示意图

④最后利用"单行文字"或"多行文字"命令添加上注释。指明标注分别是使用了哪些标注命令。最终效果如图 7-62 所示。

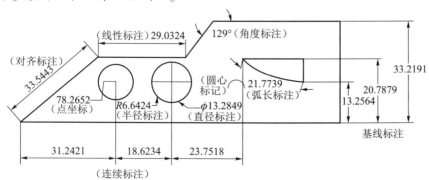

图 7-62 添加文字注释

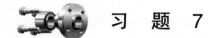

习　题　7

1. 绘制如图 7-63 所示电路图并标注文字。

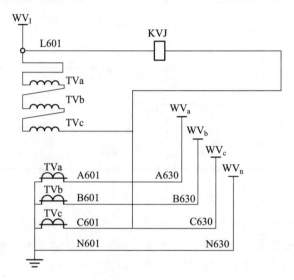

图 7-63　习题 1 图

2. 绘制如图 7-64 所示表格，填写表格中的文字。

安装在66 kV组合电器室内的设备					
E01, 02	66 kV 组合电器	ZF12-72.5	组	2	含汇控柜　封闭母线筒
1	交流分电箱	700×350×150	个	1	由电气二次设计提
2	66 kV 电缆终端		个	6	由线路设计提
3					
安装在66 kV消弧线圈室内的设备					
1	66 kV 消弧线圈	XDZ1-3800/66	台	2	
2	钢芯铝绞线	LGJ-70/10	米	8	
3	电缆干式终端头	72.5 kV，与裸导体连接	个	2	
4	铜铝过渡设备线夹	SLG-2A（80×80）	套	4	

				施工图	设计阶段
批准		校核			
审定		设计		变电所一层平面布置图	
审核		制图			
比例	1:100	日期		图号	

图 7-64　习题 2 图

3. 运用圆角、镜像、修剪等命令, 绘制如图 7-65 所示图形并完成标注。

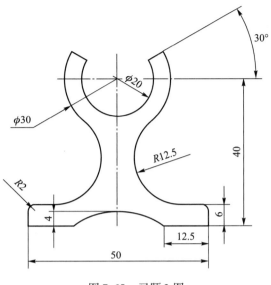

图 7-65 习题 3 图

第8章
三维建模功能

三维建模应用越来越广泛，AutoCAD 软件有多种方式创建三维模型。

 ## 8.1 三维建模基础

在 AutoCAD 2016 窗口的状态栏中，单击"切换模型空间"按钮 ，就可以将"二维草图与注释"空间切换到"三维建模"空间。"三维建模"空间的整个工作环境布置与"二维草图与注释"空间类似，工作界面主要由快速访问工具栏、信息中心、菜单栏、功能区、工具选项板、图形窗口（绘图区域）、文本窗口与命令行、状态栏等元素组成，如图 8-1 所示。

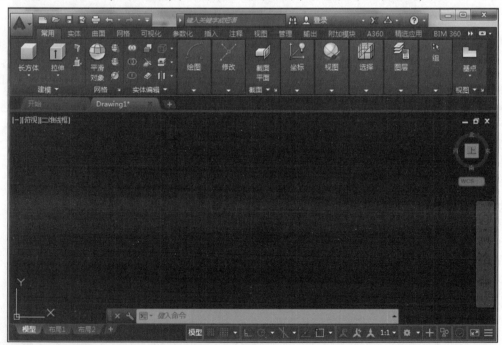

图 8-1 三维建模空间

8.1.1 设置三维视图投射方式

在三维空间中工作时，可以通过控制三维视图的投射方式，展现不同的视觉效果。例如，设置图形的观察视点、模型的投射方向、角度等，可以帮助用户在设计模型时，能直观地了解每一个环节，避免设计操作失误。

 注意：

在三维空间中查看仅限于模型空间。如果在图纸空间中工作，则不能使用三维查看命令定义图纸空间视图。图纸空间的视图始终为平面视图。

1. 设置平行投射视图

在 AutoCAD 2016 中，平行正投射视图也称为预设视图，是程序默认的投影视图。平行视图包括俯视、仰视、左视、右视、前视、后视、西南等轴测、东南等轴测、东北等轴测、西北等轴测等。这些平行视图不具有任何可编辑特性，但用户可以将平行视图另存为模型视图，然后再编辑模型视图即可。

平行视图的工具，可通过以下执行方法来选择：

◇ 菜单栏："视图"→"三维视图"→"俯视"（或其他视图命令）。

◇ 图形区：使用图形区左上角的视图工具列表中的视图工具。

◇ 命令行：VIEW。

图形区左上角"视图"工具列表如图 8-2 所示。

图 8-2 视图工具列表

2. 三维导航工具 ViewCube

ViewCube 是在三维模型空间启动图形系统时，显示在窗口右上角的三维导航工具。通过 ViewCube，用户可以在标准视图和等轴测视图空间切换。

ViewCube 显示后，将以不活动状态显示在其中一角（位于模型上方的图形窗口中）。ViewCube 处于不活动状态时，将显示基于当前 UCS 和通过模型的 WCS 定义北向的模型的当前视口。将光标悬停在 ViewCube 上方时，ViewCube 将变为活动状态。用户可切换至可用预设视图之一、滚动当前视图或更改为模型的主视图，如图 8-3 所示。

在导航工具位置选择右键菜单"ViewCube 设置"命令，将弹出"ViewCube 设置"对话框，如图 8-4 所示。通过该对话框可控制 ViewCube 导航工具的可见性和显示特性。

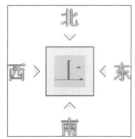

图 8-3 ViewCube 导航工具

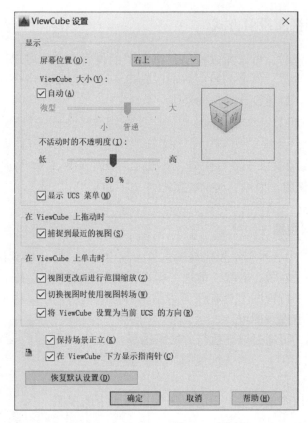

图 8-4　"ViewCube 设置"对话框

8.1.2　视图管理器

执行 VIEW 命令，程序将弹出"视图管理器"对话框，如图 8-5 所示。通过该对话框，可以创建、设置、重命名、修改和删除命名视图（包括模型视图、布局视图和预设视图等）。在视图列表中选择一个视图，右侧将显示该视图的特性。

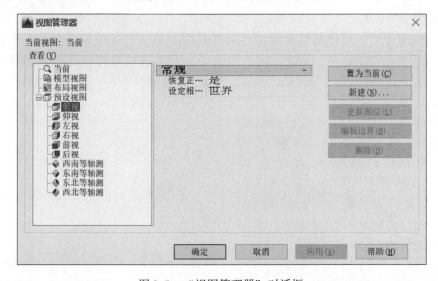

图 8-5　"视图管理器"对话框

"视图管理器"对话框包括三种视图：模型视图、布局视图和预设视图。该对话框的按钮含义如下：

"置为当前"：恢复选定的视图。

"新建"：单击此按钮，可创建新的平行视图。

"更新图层"：更新与选定的视图一起保存的图层信息，使其与当前模型空间和布局视口中的图层可见性匹配。

"编辑边界"：显示选定的视图，绘图区域的其他部分以较浅的颜色显示命名视图的边界。

"删除"：删除选定的视图。

8.1.3 视觉样式设置

在三维空间中，模型观察的视觉样式可用来控制视口中边和着色的显示。接下来将介绍"视觉样式"和"视觉样式管理器"。

设置视觉样式，是更改其特性，而不是使用命令或设置系统变量。一旦应用了视觉样式或更改了其设置，就可以在视口中查看效果。

AutoCAD 2016 提供了五种默认的视觉样式：二维线框、三维线框、三维隐藏、真实和概念。

用户可通过以下执行方法来设置模型视觉样式：

◇ 菜单栏："视图"→"视觉样式"，在"视觉样式"菜单中选择相应命令。

◇ 菜单栏："工具"→"选项板"→"视觉样式"，拖动视觉样式至窗口中。

◇ 命令行：VISUALSTYLES。

视觉样式管理器用于创建和修改视觉样式。执行 VISUALSTYLES 命令，程序弹出"视觉样式管理器"对话框，如图 8-6 所示。

在"视觉样式管理器"选项板中，各选项含义如下：

"图形中的可用视觉样式"：显示图形中可用的视觉样式的样例图像。选定的视觉样式的

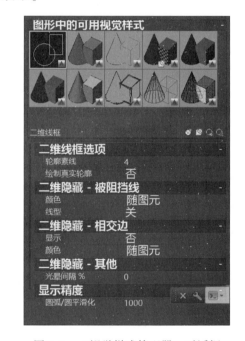

图 8-6 "视觉样式管理器"对话框

面设置、环境设置和边设置将显示在设置面板中。选定的视觉样式显示黄色边框。选定的视觉样式的名称显示在设置面板的底部。

"创建新的视觉样式"按钮：单击此按钮，将弹出"创建新的视觉样式"对话框，如图 8-7 所示。在该对话框中用户可以输入名称和可选说明。

"将选定的视觉样式应用于当前视口"按钮：单击此按钮，将选定的视觉样式应用于当前的视口。

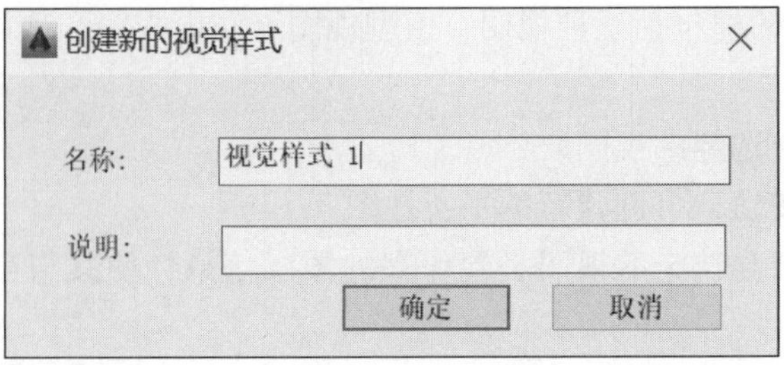

创建新的视觉样式

名称:　视觉样式 1

说明:

确定　　取消

图 8-7　"创建新的视觉样式"对话框

"将选定的视觉样式输出到工具选项板"按钮：为选定的视觉样式创建工具并将其置于活动工具选项上。

"删除选定的视觉样式"按钮：删除选择的视觉样式。只有创建了新的视觉样式，此命令才被激活。

> **注意:**
>
> 默认的五种视觉样式或当前的视觉样式无法被删除。

"面设置"选项区域：控制模型面在视口中的外观。

"材料和颜色"选项区域：控制模型面上的材质和颜色显示。

"环境设置"选项区域：控制阴影和背景。

"边设置"选项区域：控制如何显示边。

"边修改器"选项区域：控制应用到所有边模式（"无"除外）的设置。

 ## 8.2　三维创建以及编辑功能

在 AutoCAD 中，实体模型可以由实体和曲面创建，三维对象也可以通过模拟"三维厚度"表示为线框模型或网格模型。本节将介绍创建三维模型所需的简单图形元素。

8.2.1　二维图形转换三维实体模型

用户可以采用拉伸二维对象或将二维对象绕指定轴线旋转的方法生成三维实体，被拉伸或旋转的对象可以是二维平面图形、封闭的多段线、矩形、多边形、圆、圆弧、圆环、椭圆、封闭的样条曲线和面域。

1. 绘制三维多段线

三维多段线是作为单个对象创建的直线段相互连接而成的序列。多段线可以不共面，但是不能包括圆弧段。

调用"三维多段线"命令可以绘制三维多段线，调用该命令的执行方法有以下几种：

◇　菜单栏："绘图"→"三维多段线"。

◇   功能区："常用" → "绘图" → "三维多段线" 。

◇   命令行：3DPOLY。

2. 绘制三维螺旋线

螺旋就是开口的二维或三维螺旋线。如果指定同一个值作为底面半径或顶面半径，将创建圆柱形螺旋；如果指定不同值作为顶面半径和底面半径，将创建锥形螺旋；如果指定高度为 0，将创建扁平的二维螺旋。

调用"螺旋"命令可以绘制螺旋线，调用该命令的执行方法有以下几种：

◇   菜单栏："绘图" → "建模" → "螺旋"。

◇   功能区："常用" → "绘图" 下拉按钮→ "螺旋" 。

◇   命令行：HELIX。

3. 拉伸

使用 EXTRUDE "拉伸" 命令可以将二维图形沿指定的高度和路径将其拉伸为三维实体。

调用"拉伸"命令的执行方法有以下几种：

◇   菜单栏："绘图" → "建模" → "拉伸"。

◇   功能区："常用" → "建模" → "拉伸" 。

◇   命令行：EXTRUDE/EXT。

4. 放样

"放样"即在若干横截面之间创建三维实体或曲面。横截面指的是具有放样实体截面特征的二维对象，并且必须指定两个或两个以上的横截面。

调用"放样"命令的执行方法有以下几种：

◇   菜单栏："绘图" → "建模" → "放样"。

◇   功能区："常用" → "建模" → "拉伸" 下拉按钮→ "放样" 。

◇   命令行：LOFT。

5. 旋转

"旋转"命令通过绕轴旋转二维对象来创建三维实体。

调用"旋转"命令的执行方法有以下几种：

◇   菜单栏："绘图" → "建模" → "旋转"。

◇   功能区："常用" → "建模" → "拉伸" 下拉按钮→ "旋转" 。

◇   命令行：REVOLVE。

6. 扫掠

"扫掠"即通过沿路径扫掠二维对象来创建三维实体。

调用"扫掠"命令的执行方法有以下几种：

◇   菜单栏："绘图" → "建模" → "扫掠"。

◇   功能区："常用" → "建模" → "拉伸" 下拉按钮→ "扫掠" 。

◇　命令行：SWEEP。

8.2.2　创建三维实体

1. 创建长方体

长方体命令可以创建具有规则实体模型形状的长方体或正方体等实体，如零件的底座、支撑板等。

调用"长方体"命令的执行方法有以下几种：

◇　菜单栏："绘图"→"建模"→"长方体"。

◇　功能区："常用"→"建模"→"长方体" 。

◇　命令行：BOX。

2. 创建圆柱体

圆柱体是以圆或椭圆为截面形状，沿该截面法线方向拉伸所形成的实体。圆柱体在绘图时经常会用到，例如各类轴类零件。

调用"圆柱体"命令的执行方法有以下几种：

◇　菜单栏："绘图"→"建模"→"圆柱体"。

◇　功能区："常用"→"建模"→"长方体"下拉按钮→"圆柱体" 。

◇　命令行：CYLINDER/CYL。

3. 创建圆锥体

绘制圆锥体需要输入的参数有底面圆的圆心和半径、顶面圆半径和圆锥高度，所生成的锥体底面平行于 XY 平面，轴线平行于 Z 轴。

调用"圆锥体"命令的执行方法有以下几种：

◇　菜单栏："绘图"→"建模"→"圆锥体"。

◇　功能区："常用"→"建模"→"长方体"下拉按钮→"圆锥体" 。

◇　命令行：CONE。

4. 创建球体

球体是三维空间中，到一个点（球心）距离相等的所有点的集合形成的实体，它是最简单的三维实体。使用 SPHERE 命令可以按指定的球心、半径或直径绘制实心球体，其纬线与当前的 UCS 的 XY 平面平行，其轴与 Z 轴平行。

调用"球体"命令的执行方法有以下几种：

◇　菜单栏："绘图"→"建模"→"球体"。

◇　功能区："常用"→"建模"→"长方体"下拉按钮→"球体" 。

◇　命令行：SPHERE。

5. 创建棱锥体

棱锥体可以看作是以一个多边形面为底面，其余各面是由有一个公共顶点的具有三角形特征的面构成的实体。

调用"棱锥体"命令的执行方法有以下几种：

◇　菜单栏："绘图"→"建模"→"棱锥体"。

◇　功能区："常用"→"建模"→"长方体"下拉按钮→"棱锥体" ◆。

◇　命令行：PYRAMID。

6. 创建楔体

楔体是长方体沿对角线切成两半后的结果，因此创建楔体和创建长方体的方法是相同的。

调用"楔体"命令的执行方法有以下几种：

◇　菜单栏："绘图"→"建模"→"楔体"。

◇　功能区："常用"→"建模"→"长方体"下拉按钮→"楔体" ◣。

◇　命令行：WEDGE。

7. 创建圆环体

圆环体有两个半径定义，一个是圆环体中心到管道中心的圆环体半径；另一个是管道半径。随着管道半径和圆环体半径之间相对大小和变化圆环体的形状是不同的。

调用"圆环体"命令的执行方法有以下几种：

◇　菜单栏："绘图"→"建模"→"圆环体"。

◇　功能区："常用"→"建模"→"长方体"下拉按钮→"圆环体" ◉。

◇　命令行：TORUS。

8. 创建多段体

多段体常用于创建三维墙体。

调用"多段体"命令的执行方法有以下几种：

◇　菜单栏："绘图"→"建模"→"多段体"。

◇　功能区：在"常用"选项卡中，单击"建模"面板中的"多段体"按钮 ◤。

◇　命令行：POLYSOLID。

> ⊚ 注意：
>
> 　　本节内容仅对三维建模作简单的介绍。三维建模还有很多功能，如创建三维曲面、三维网格、对三维图形（网格）进行编辑和对三维模型显示和渲染等操作，因篇幅所限，在此就不多作讲解了。如读者需要，建议查阅建筑CAD方面的书籍。

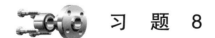

习　题　8

简述 AutoCAD 2016 软件有哪些方式创建三维实体模型？

第9章
电气工程绘图规则和识图规则

电气图是一种特殊的专业技术图，它除了必须遵守国家市场监督管理总局等相关部门颁布的《电气技术用文件的编制 第1部分：规则》（GB/T 6988.1—2008）、《电气简图用图形符号 第1部分：一般要求》（GB/T 4728.1—2018）、《工业系统、装置与设备以及工业产品结构原则与参照代号 第3部分：应用指南》（GB/T 5094.3—2005）等标准外，还要遵守机械制图、建筑制图国家标准等方面的有关规定，所以制图和读图人员有必要了解这些规则或标准。由于国家相关部门所颁布的标准较多，这里只简单介绍与电气制图有关的规则和标准。

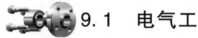 9.1 电气工程绘图规则

9.1.1 图纸格式和幅面尺寸

1. 图纸格式

电气工程图图纸的格式基本与机械图图纸和建筑图图纸格式相同，通常由边框线、图框线、标题栏和会签栏组成，如图9-1所示。

图9-1中最重要的就是标题栏，它标示着图纸的名称、图号、张次、制图者和审核者等有关人员的签名。标题栏一般放在图纸右下角。注意：标题栏的文字方向必须与看图方向一致。标题栏一般样式如图9-2所示。会签栏可有可无，一般是留给相关的水、电、暖、建筑等专业设计人员会审图纸时签名用的。

2. 幅面尺寸

由边框线围成的区域称为图纸的幅面。绘制图形时，应根据图形的复杂程度和图线的

密集程度选择合适的图纸幅面。基础幅面大小共五类：A0、A1、A2、A3、A4，其尺寸见表 9-1，必要时，可以对 A3、A4 号图按图纸的短边的倍数加长，加长幅面的尺寸见表 9-2。当表 9-1 和表 9-2 所列幅面系列还不能满足需要时，则可按 GB/T 14689—2008 的规定，选用其他加长幅面的图纸。

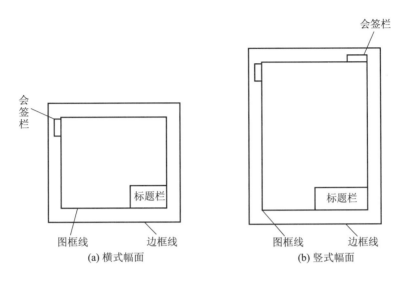

(a) 横式幅面　　(b) 竖式幅面

图 9-1　电气工程图图纸格式（不装订边）

××电力设计院			××区域10kV开闭及出线电缆工程		施工图
所长		校核		10 kV配电设备布置图	
主任工程师		设计			
专业组长		CAD制图			
项目负责人		会签			
日期		比例		图号	B812S-D01-14

图 9-2　标题栏一般样式

表 9-1　基本幅面尺寸　　　　单位：mm

幅面代号	A0	A1	A2	A3	A4
宽×长（B×L）	841×1 189	594×841	420×594	297×420	210×297
留装订边边宽（c）	10	10	10	5	5
不留装订边边宽（e）	20	20	20	10	10
装订侧边宽	25				

表 9-2 加长幅面尺寸 单位：mm

序号	代号	尺寸
1	A3×3	420×891
2	A3×4	420×1 189
3	A4×3	297×630
4	A4×4	297×841
5	A4×5	297×1 051

9.1.2 图线

电气图中的各种线条统称为图线。

电气制图规定了 8 种基本图线型式，分别为粗实线、细实线、波浪线、双折线、虚线、细点画线、粗点画线以及双点画线，并以代号 A、B、C、D、F、G、J 和 K 表示。

根据用途的不同，可从下列线宽中选用合适的线宽（单位为 mm）：0.18、0.25、0.35、0.5、0.7、1.0、1.4、2.0。图形对象的线宽应尽量不多于两种，每两种线宽间的比值应不小于 2。

图线间距：平行线（包括阴影线）之间的最小间距不小于粗线宽度的两倍，建议不小于 0.7 mm。

9.1.3 字体

图中的文字，如汉字、字母和数字，是图的重要组成部分，是读图的重要内容。所以在电气工程图中，这些文字书写必须符合国家标准，总结下来有以下两点：

①汉字应采用长仿宋体，字体高度（单位为 mm）共有 1.8、2.5、3.5、5、7、10、14、20 共 8 种，字符的宽高比约为 0.7。各行文字间的行距应不小于 1.5 倍的字高。

②字母和数字的笔画宽度应为字体高度的 1/10 或 1/14，它们也可写成斜体或直体，但全图需统一。若为斜体，则斜体字字头向右倾斜，与水平基准线成为 75°。

9.1.4 比例

电气工程图中所画图形符号与实际设备的尺寸大小不同，符号大小与实物大小的比值称为比例。大部分的电气线路图可以不按比例绘制，但位置平面图等则需要按比例绘制或部分按比例绘制，这样在平面图上测出两点距离就可按比例值计算出两者间的实际距离（如线长度、设备间距等），这对导线的布线、设备机座、控制设备等安装都有利。常用比例见表 9-3。

表9-3　常用比例

类别	常用比例			
放大比例	$2:1$ $2\times10^{n}:1$	$2:1$ $2.5\times10^{n}:1$	$2:1$ $4\times10^{n}:1$	$2:1$ $5\times10^{n}:1$
原尺寸	$1:1$			
缩小比例	$1:1.5$ $1:1.5\times10^{n}$	$1:2$ $1:2\times10^{n}$	$1:1.25$ $1:2.5\times10^{n}$	$1:3$ $1:3\times10^{n}$
	$1:4$ $1:4\times10^{n}$	$1:5$ $1:5\times10^{n}$	$1:6$ $1:6\times10^{n}$	$1:10$ $1:10\times10^{n}$

　　电气施工图常用的比例有 $1:500$，$1:200$，$1:100$，$1:60$，$1:50$。大样图的比例可以用 $1:20$、$1:10$ 或 $1:5$，外线工程图常用小比例，在做概算、预算统计工程量时就需要用到这个比例。对于同一张图样上的各个图形，原则上要采用相同的比例绘制，且要在标题栏中注明绘制比例。当某个图形需要采用不同比例绘制时，可在视图名称的下方以分数形式标出该图形采用的比例。

　　图纸中的方位按国际惯例通常是上北下南，左西右东。有时为了使图面布局更加合理，也可能采用其他方位，但必须标明指北针。

9.1.5　尺寸标注

　　在一些电气图上标注了尺寸。尺寸数据是有关电气工程施工和构件加工的重要依据。电气图的尺寸标注规则与前面所学的尺寸标注规则一致，这里就不赘述了。

　　工程图纸上标注的尺寸通常采用毫米（mm）作单位，只有总平面图或特大设备用米（m）作单位。电气图纸一般不标注单位。

9.1.6　注释和详图

1. 注释

　　用图形符号表达不清楚或不便表达的地方，可在图上加注释。注释可采用文字、图形和表格等形式，目的是把对象表达清楚。注释可用下列两种方式：

　　①直接放到要说明的对象附近。

　　②加标记，将注释放在另外位置或另一页。当图纸中出现多个注释时，应把这些注释按编号顺序放在图纸边框附近。如果是多张图纸，一般性注释放在第一张图上，其他注释则放到与注释内容相关的图上。

2. 详图

　　详图就是使用图形来进行注释。这相当于电气制图的剖面图，就是把电气装置中某些零部件和连接点等结构、做法和安装工艺要求放大并详细表示出来。详图位置可放在要表示对象的图旁，也可放在另一张图上，但必须用一个标志将它们联系起来。标注在总图上的标志称为详图索引标志，标注在详图位置上的标志称为详图标志。

　　示例9.1：　按比例尺绘制电气工程图。

　　一张完整的工程图纸有图形实体、尺寸标注、文字标注和图幅整理等几部分组成。要绘制一张工程图, 不同用户有不同的绘图方式, 因此绘图步骤也有所不同, 但总体方法差不多。现以绘制一张 1:2 比例尺的 A3 图纸的图样为例说明两种绘图方法。

步骤:

(1) 先按 1:1 比例尺绘图, 再按一定比例缩放, 最后出图

①先按 1:1 比例绘制所有图形实体, 即按图纸的具体尺寸真实绘制, 图中尺寸标注为 100 的线段, 在屏幕中即绘制 100 个单位。

②绘制完图中所有实体后, 启动缩放 (Scale) 命令, 将所有图形缩小 2 倍, 即绘图比例为 1:2 (图上 1 个单位, 代表实际的 2 个单位长度)。将已定义好的 A3 标准图纸文件以 1:1 比例插入绘图区。运用移动命令调整好图形实体和图纸的位置。

③选择 "标注" → "标注样式" 命令, 打开 "标注样式管理器" 对话框, 单击 "修改" 按钮, 在 "标注样式" 设置选项卡中的 "主单位" 选项中, 把 "测量单位比例" 下的 "比例因子" 设置为 2, 保存该尺寸标注样式, 用此样式标注所有的尺寸标注。

④设置合适的文字样式, 标注文字, 保存图形文件。启动打印命令, 在打印比例中设置比例为 1:1, 设置单位为毫米 (mm), 其余选项同打印设置。确定后即可输出 1:2 比例尺的图纸。

(2) 按 1:1 比例绘图, 图纸放大 2 倍插入, 图形不进行缩放直接出图

①先按 1:1 比例绘制所有图形实体, 图中尺寸标注为 100 的线段, 在屏幕中即绘制 100 个单位。

②绘制完图中所有实体后, 将已定义好的 A3 标准图纸文件以 2:1 比例插入绘图区。运用移动命令调整好图形实体和图纸的位置。

③在 "标注样式" 设置选项卡中的 "主单位" 选项中, 把 "测量单位比例" 下的 "比例因子" 设置为 1, 保存该尺寸标注样式, 用此样式标注所有的尺寸标注。

④设置合适的文字样式, 标注文字, 保存图形文件。启动打印命令, 在打印比例中设置比例为 1:2, 设置单位为毫米 (mm), 其余选项同打印设置。确定后即输出 1:2 比例尺的图纸。

示例中的两种方法绘制的图形步骤相似, 用户可以根据自己的习惯决定采用何种方式进行不同比例尺要求的工程图的绘制。

9.2 电气工程图的分类及特点

电气工程图是一种用图的形式来表达信息的技术文件, 主要用图形符号、简化外形的电气设备、线框等表示系统中有关组成部分的关系, 是一种简图。由于电气工程图的使用非常广泛, 几乎遍布工业生产和日常生活的各个方面, 因此, 为了清楚地表示电气工程的原理、功能、用途、安装和使用方法, 就需要采用不同种类的电气图进行说明。本节就根据电气工程的应用范围, 讲解一些常用的电气工程图的种类和特点。

9.2.1 电气工程图的分类

对于用电设备来说, 电气图主要是指主电路图和控制电路图, 对供电设备来说, 电气图主要是指一次回路和二次回路的电路图。但是仅凭这两三种图就想表示一项电气工程或

一种电气设备的原理、功能、用途、安装和使用方法等是不可能的，所以电气图分了很多种类，下面介绍电气图的分类：

1. 系统图或框图

系统图或框图就是用符号或带注释的框概略表示系统或分系统的基本组成、相互关系及其主要特征的一种简图。系统图或框图常用来表示整个工程或其中某一项目的供电方式和电能输送关系，也可表示某一装置或设备各主要组成部分的关系。例如，电气一次主接线图、建筑供配电系统图等。

2. 电路图

电路图就是按工作顺序用图形符号从上而下、从左到右排列，详细表示电路、设备或成套装置的全部组成和连接关系，而不考虑其实际位置的一种简图。其目的是便于详细理解设备工作原理、分析和计算电路特性及参数，所以这种图又称为电气原理图或原理接线图。例如，图 9-3 所示的电动机控制原理图中，按下启动按钮 SB2，线圈 KM 得电，其常开主触点闭合，同时，另一个常开辅助触点闭合，实现自锁，保证电动机 M 可以平稳启动运行；按下停止按钮 SB1 或热继电器 FR 过热断开时，线圈 KM 失电，常开主触点断开，电动机失电停止。该图详细地表示了电动机的操作控制原理。

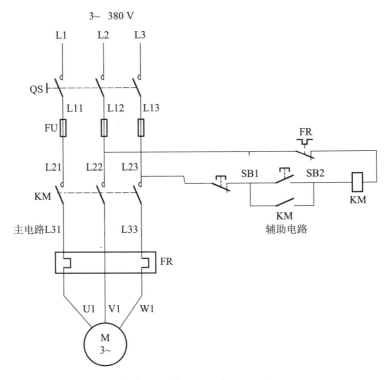

图 9-3　电动机控制原理图

3. 接线图

接线图主要用于表示电气装置内部元件之间及其外部其他装置之间的连接关系，它是便于制作、安装及维修人员接线和检查的一种简图或表格。图 9-4 所示即为某变电所主接线图。当一个装置比较复杂时，接线图又可分解为以下四种。

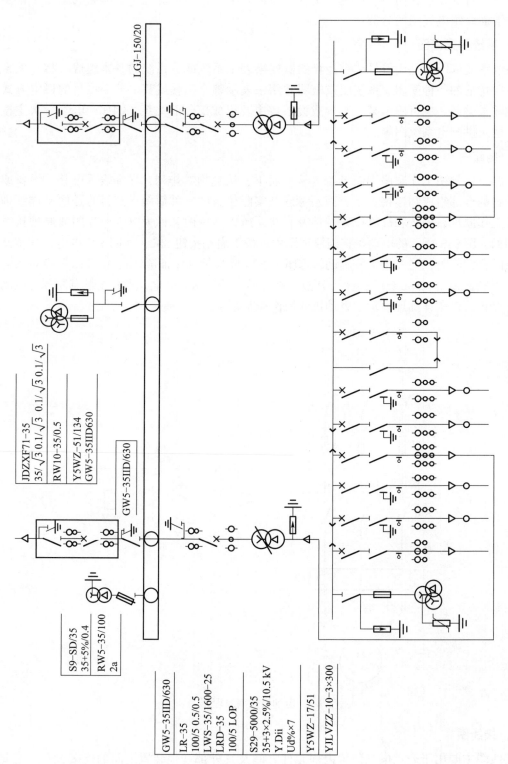

LGJ-150/20

JDZXF71-35
35/√3 0.1/√3 0.1/√3 0.1/√3
RW10-35/0.5
Y5WZ-51/134
GW5-35IID630

GW5-35IID/630

S9-SD/35
35+5%/0.4
RW5-35/100
2a

GW5-35IID/630
LR-35
100/5 0.5/0.5
LWS-35/1600-25
LRD-35
100/5 LOP
S29-5000/35
35+3×2.5%/10.5 kV
Y.Dii
Ud%×7
Y5WZ-17/51
YJLVZZ-10-3×300

图9-4　某变电所主接线图

单元接线图：表示成套装置或设备中一个结构单元内的各元件之间的连接关系的一种接线图。这里所指"结构单元"是指在各种情况下可独立运行的组件或某种组合体。如电动机、开关柜等。

互连接线图：表示成套装置或设备的不同单元之间连接关系的一种接线图。

端子接线图：表示成套装置或设备的端子以及接在端子上外部接线（必要时包括内部接线）的一种接线图。

电线电缆配置图：表示电线电缆两端位置，必要时还包括电线电缆功能、特性和路径等信息的一种接线图。

4. 电气平面图

电气平面图是表示电气工程项目的电气设备、装置和线路的平面布置图，它一般是在建筑平面图的基础上绘制出来的。常见的电气平面图有：供电线路平面图、变配电所平面图、电力平面图、照明平面图、弱电系统平面图、防雷与接地平面图等。如图 9-5 所示是电气平面布置图。

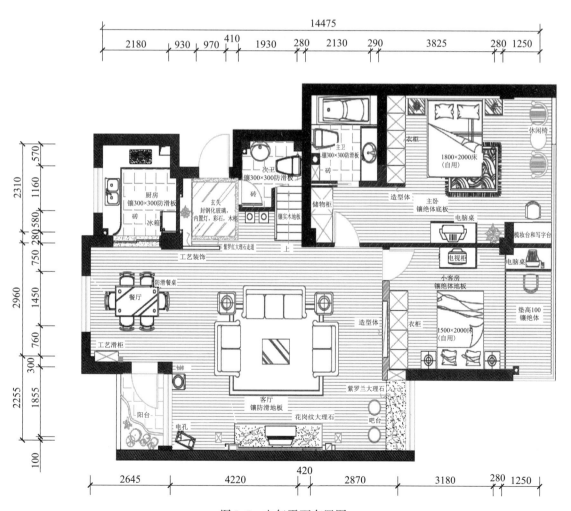

图 9-5　电气平面布置图

5. 设备布置图

设备布置图表示各种设备和装置的布置形式、安装方式以及相互之间的尺寸关系，通常由平面图、立面图、断面图、剖面图等组成。

如图 9-6 所示是某变电站剖面图。

6. 设备元件和材料表

设备元件和材料表就是把成套装置、设备、装置中各组成部分和相应数据列成表格来表示各组成部分的名称、符号、型号、规格和数量等，以便于读图者阅读，了解各元器件在装置中的作用和功能，从而读懂装置的工作原理。设备元件和材料表是电气图中的重要组成部分，它可置于图中的某一位置，也可单列一页（视元器件材料多少而定）。表 9-4 是某开关柜上的设备元件表。

表 9-4 某开关柜上的设备元件表

符号	名称	型号	数量
ISA－351D	微机保护装置	220 V	1
KS	自动加热除湿控制器	KS－3－2	1
SA	跳，合闸开关	LW－Z－la，4，6a，20/F8	1
QC	主令开关	LS1－2	1
QF	自动空气开关	GM31－2PR3，0A	1
FU1、FU2	熔断器	AM1 16/6A	2
FU3	熔断器	AM1 16/2A	1
1－2DJK	加热器	DJR－75－220 V	2
HLT	手车开关状态指示器	MGZ－91－1－220 V	1
HLQ	断路器状态指示器	MGZ－91－1－220 V	1
M	电动机		1

7. 产品使用说明书上的电气图

生产厂家往往随产品使用说明书附上电气图，用文字叙述的方式说明一个工程中电气设备安装有关的内容，供用户了解该产品的组成、工作过程及注意事项，以达到正确使用、维护和检修的目的。这也是一种电气工程图。

8. 其他电气图

上述电气图是常用的主要电气图，对于较为复杂的成套装置或设备，为了便于制造，还会有局部的大样图、印制电路板图等，以及为了装置的技术保密，只给出装置或系统的功能图、流程图、逻辑图等。

所以，电气图种类很多，但这并不意味着所有的电气设备或装置都应具备这些图。根据表达的对象、目的和用途不同，所需图的种类和数量也不一样。总之，电气图作为一种工程语言，在表达清楚的前提下，越简洁越好。

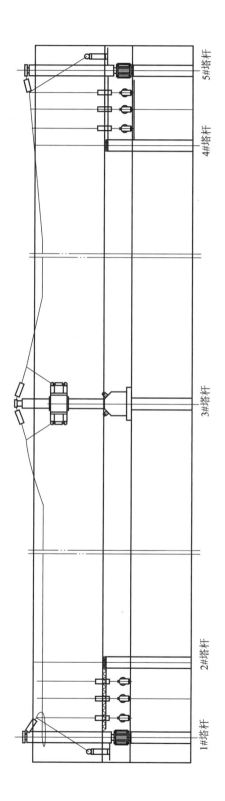

图9-6　变电所剖面

9.2.2　电气工程图的特点

电气工程图与其他工程图有着本质的区别，它用来描述电气工程的构成和功能，描述电气装置的工作原理，辅助电气工程研究和指导电气工程施工，所以电气工程图具有其独特的一面，具体如下：

1. 清晰

电气工程图是采用标准的图形符号和带注释的框或者简化外形来表示系统或设备中各组成部分之间相互关系的简图。对于系统构成、功能及电气接线等，通常采用图形符号和文字符号表示，这使电气工程图变得十分清晰。

2. 简洁

简洁是电气工程图的主要表现特点，图中以电气元件或设备的图形符号、文字符号和连线表示，没有必要画出电气元件的外形结构。

3. 多样性

电气图具有多样性，如电气元件可采用集中表示法、半集中表示法和分散表示法，连线可采用多线表示、单线表示和混合表示。而且不同的电气图可以用不同的描述方法，如能量流、逻辑流、信息流、功能流等。系统图、电路图、框图、接线图就是描述能量流和信息流的电气工程图；逻辑图是描述逻辑流的电气工程图；功能表图、程序框图描述的是功能流。

4. 具有独特要素——项目代号

一个电气系统、设备或装置通常由许多部件、组件、功能单元等组成。这些部件、组件、功能单元被称为项目。项目一般用简单的图形符号表示，通常每个图形符号都要有相应的文字注释。而在一个图上，为了区分同类设备，还必须加上设备编号，设备编号与文字注释一起构成项目代号。

5. 特殊布局

功能布局法和位置布局法是电气工程图的两种基本布局方法。功能布局法是指电气图中元件符号的位置，只考虑便于表述它们所表示的元件之间的功能关系而不考虑实际位置的一种布局方法，如电气工程图中的系统图、电路图都是采用这种方法。位置布局法是指电气图中的元件符号的布置对应于该元件实际位置的布局方法，如电气工程图中的接线图、设备布置图通常都采用这种方法。

 ## 9.3　常用的电气符号与分类

按简图形式绘制的电气工程图中，元件、设备、线路及其安装方法等都是借用图形符号、文字符号和项目代号来表达的。分析电气工程图，首先要明了这些符号的形式、内容、含义，以及它们之间的相互关系。下面介绍一些电气工程图中常用的电气符号及其分类。

9.3.1　部分常用电气符号

读者需要对电气工程图中的常用电气元件符号有所了解，并掌握常用电气符号的特征、含义及绘制。常用的电气符号包括导线、电阻器、电感器、电容器、二极管、三极管、交流电动机、变压器、开关、灯、接地等。表 9-5 所列是部分常用电气元件符号。

表 9-5　部分常用电气元件符号

名称	图形符号	名称	图形符号
电阻器		常开触点开关	
可调电阻器		启动按钮	
滑动变阻器	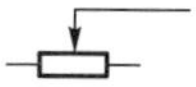	停止按钮	
电容器	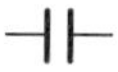	延时闭合开关	
可调电容器		扬声器	
电感器		电流互感器	
带磁芯的电感器		桥式整流器	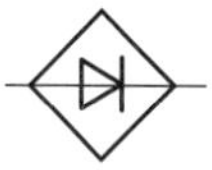
双绕组变压器	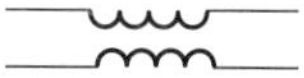	端子	
接地		断路器	
二极管		热继电器	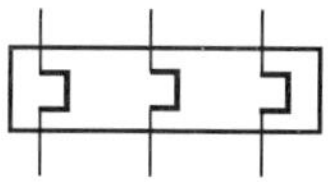
镇流器		功率互感器	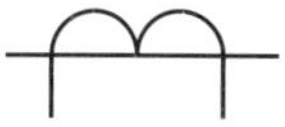
避雷器		交流电动机	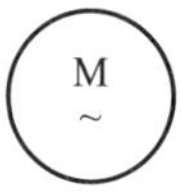
单极开关		熔断器	
多极开关	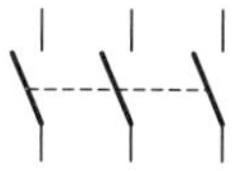	三相变压器	

名称	图形符号	名称	图形符号
灯	 ⊗	三相电动机	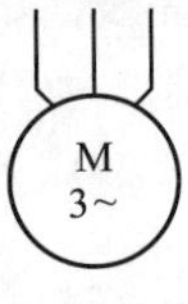 M 3~
电能表	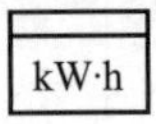 kW·h	三相断路器	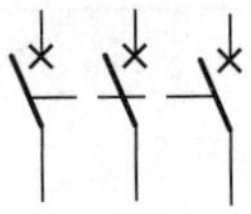
电铃		信号灯	 ⊗
电流表	A	电视插座	 TV
电压表	V	插头和插座	
功率表	W	接触器	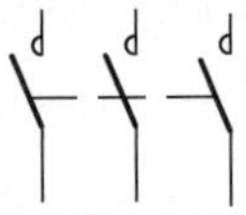

以下是部分常用电气元件的含义：

电阻器：在电路中对电流有阻碍作用并且造成能量消耗的部分叫电阻。它的作用是分流、限流、分压、偏置、滤波和阻抗匹配等。

电容器：是一种容纳电荷的器件。它的作用是隔直通交、滤波、耦合、补偿、充放电和储能等。

电感器：是指能够把电能转化为磁能而存储起来的元件。

变压器：是利用电磁感应原理来改变交流电压的装置。

接地符号：分两种情况，小信号电路中，接地符号表示 0 电位参考点，一般选择电源负极为 0 电位参考点；强电中，接地符号是为了设备安全和人身安全，将设备的机壳进行接地处理，避免设备漏电，以至发生触电事故。

二极管：是一种具有单向导电的二端器件，它有两个电极，只允许电流从正极流入，负极流出。

镇流器：是荧光灯上起限流作用和产生瞬间高压的设备。

避雷器：又称过电压保护器、过电压限制器，是用于保护电气设备免受雷击时高瞬态过电压危害，并限制续流幅值的一种电器。

单极开关、多极开关：单极开关只能控制一路线的通断，多极开关可以控制多路线的通断。

电能表：是用来测量电能的仪表，又称电度表、火表、千瓦小时表，指测量各种电学量的仪表。

电流表：是用来测量交、直电路中电流的仪表。

电压表：用来测量电压的仪表。由永磁表、线圈等构成，是一个相当大的电阻器，理想认为是断路。

功率表：是一种测量电功率的仪表，也叫瓦特表。它包括有功功率、无功功率和视在功率。未做特殊说明时，功率表一般是指测量有功功率的仪表。

常开触点开关：在不通电的情况下处于断开状态下的开关。得电会闭合。

启动按钮、停止按钮：启动按钮为绿色钮，一般只用"常开触点"；停止按钮为红色钮，一般只用"常闭触点"。

扬声器：又称喇叭，是一种常用的电声换能器件。

电流互感器：是依据电磁感应原理将一次侧大电流转换成二次侧小电流来测量的仪器。

桥式整流器：是由四只整流硅芯片作桥式连接，外用绝缘料封装而成的装置。用来将交流电变为直流电。

端子：是蓄电池与外部导体连接的部件，又叫接线端子。功能主要是传递电信号或导电用。

断路器：有两个定义，一是用以切断或关合高压电路中工作电流或故障电流的电器；二是能够关合、承载和开断正常回路条件下的电流，并能关合，在规定的时间内承载和开断异常回路条件下的电流开关装置。

热继电器：它的工作原理是流入热元件的电流产生热量，使有不同膨胀系数的双金属片发生形变，达到一定距离时，就推动连杆动作，使控制电路断开，从而使接触器失电，主电路断开，实现电动机的过载保护。

交流电动机与三相电动机：交流电动机是一种将交流电的电能转变为机械能的装置。三相电动机就是用三相交流电驱动的交流电动机。

熔断器：是指当电流超过规定值时，以本身产生的热量使熔体熔断，断开电路的一种电器。

信号灯：是一种反映电路工作状态的信号器件，广泛应用于电气设计中。

接触器：是指利用线圈电流产生磁场，使触点闭合，以达到控制负载的电器。

9.3.2　电气图形符号的分类

各种电气图形符号的分类有详细的规定，按照规定，大致可分为 13 类，表 9-6 所列是电气图形符号的分类。

表 9-6　电气图形符号的分类

序　号	分类名称	内　　容
1	一般要求	包括内容提要、名词术语、符号的绘制、编号使用及其他规定
2	符号要素、限定符号和其他常用符号	包括轮廓外壳、电流和电压的种类、可变性、力或运动的方向、流动方向、材料的类型、效应或相关性、辐射、信号波形、机械控制、操作件和操作方法、非电量控制、接地、接机壳和等电位、理想电路元件等
3	导体和连接件	包括电线、屏蔽或绞合导线、同轴电缆、端子与导线连接、插头和插座、电缆终端头等
4	基本无源元件	包括电阻器、电容器、铁氧体磁芯、压电晶体、驻极体等

续表

序　号	分类名称	内　　容
5	半导体管和电子管	包括二极管、三极管、晶闸管、电子管等
6	电能的发生和转换	包括绕组、发电机、变压器等
7	开关、控制和保护器件	包括触点、开关、开关装置、控制装置、起动器、继电器、接触器和保护器件等
8	测量仪表、灯和信号器件	包括指示仪表、记录仪表、热电偶、遥测装置、传感器、灯、电铃、蜂鸣器、扬声器等
9	电信：交换和外围设备	包括交换系统、选择器、电话机、电报和数据处理设备、传真机等
10	电信：传输	包括通信电路、天线、波导管器件、信号发生器、激光器、调制器、解调器、光纤传输线路等
11	建筑安装和平面布置图	包括发电站、变电站、网络、音响和电视的分配系统、建筑用设备、露天设备等
12	二进制逻辑元件	包括计算器、存储器等
13	模拟单元	包括放大器、函数器、电子开关等

9.4　样　板　文　件

使用样板文件是快速绘制新图的方法之一，在 Templat 子目录中，AutoCAD 提供了许多样板文件，用户也可创建符合自己需要的样本文件，只要将有关的设置（还可以包括一些常用的图块定义等）保存在一系列扩展名为 .dwt 的样板文件中，就可以直接调出其中某一文件，在基于该文件设置的基础上开始绘图，从而避免重复操作，提高绘图效率，同时也保证了图纸的规范性。

样板文件包括：图形界限、单位、文字样式、标注样式、线型、图层等。下面以制作符合电力工程绘图要求的 A3 样板文件为例，介绍创建个性化样板文件的方法。

9.4.1　设置绘图环境

新建文件。参照之前学过的方法，新建一个文件，注意新建文件时应选择 "acadiso. dwt" 样板文件。"acadiso. dwt" 是一个公制样板文件，其图形界限为 420 × 297 的 A3 图纸幅面，其有关设置比较接近我国的绘图标准。也可以根据需要修改图形界限。

设置绘图单位。选择 "格式" → "单位" 命令，打开 "图形单位" 对话框，设置长度类型为 "小数"，精度为 "0"；角度类型为 "十进制度数"，精度为 "0"，插入内容的单位为 "毫米"。

设置线型。选择 "格式" → "线型" 命令，打开 "线型管理器" 对话框，单击右上角的 "加载 (L)" 按钮在弹出的 "加载或重载线型" 对话框中，按住【Ctrl】键，同时选中 ACAD_ISO2W100，ACAD_ISO4W100，CENTER 这三种线型，把它们加载到当前图形。

9.4.2　设置图层

选择 "格式" → "图层" 命令，打开 "图层特性管理器" 对话框，设置以下几个图层，如图 9-7 所示。

状	名称	开	冻...	锁...	颜色	线型	线宽	透明度	打...	打...	新	说明
	0				白	Continuous	0.25 毫米	0	Colo...			
	实体符号				白	Continuous	0.35 毫米	0	Colo...			
	连接线				白	Continuous	0.35 毫米	0	Colo...			
✓	中心线				红	CENTER	0.25 毫米	0	Colo...			
	虚线				黄	ACAD_ISO02W100	0.25 毫米	0	Colo...			
	定位线				洋红	ACAD_ISO14W100	0.25 毫米	0	Colo...			
	文字				青	Continuous	0.25 毫米	0	Colo...			
	尺寸线				蓝	Continuous	0.25 毫米	0	Colo...			
	外框图线				绿	Continuous	0.25 毫米	0	Colo...			
	内框图线				白	Continuous	0.50 毫米	0	Colo...			

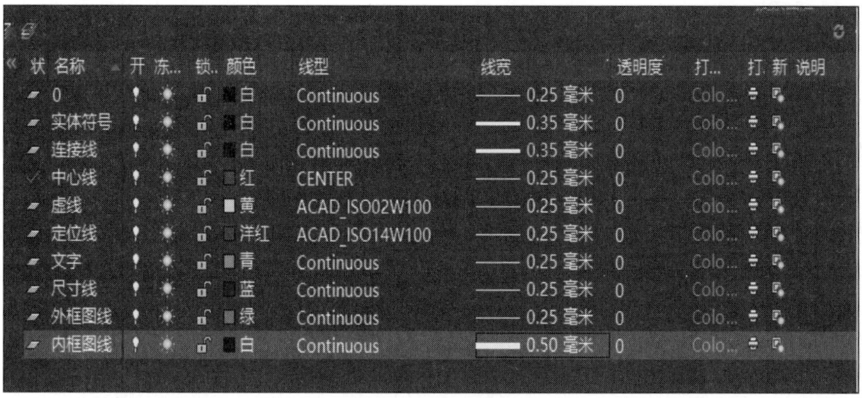

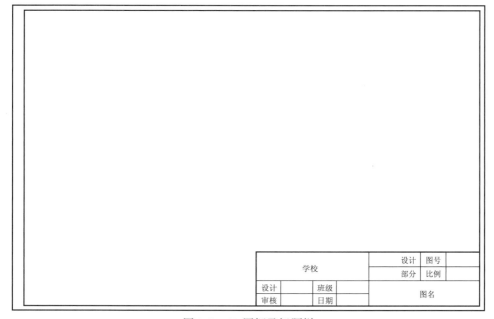

图 9-7　图层设置

9.4.3　设置文字样式及标注样式

电气工程制图国家标准规定电气图样中的汉字采用长仿宋体，在 AutoCAD 中相应的字体文件为 gbcbig. shx（必须选中大字体），数字和字母可采用正体和斜体，在 AutoCAD 中相应的字体文件为 gbenor. shx（正体）和 gbceitc. shx（斜体）。

根据各种不同标注的需要，样板图中可以设置不同的标注样式。选择“格式”→“标注样式”命令，打开“标注样式管理器”对话框。单击“新建”按钮，在打开的“创建新标注样式”对话框中的“新样式名”文本框输入“尺寸-35”，单击“继续”按钮，打开“新建标注样式”对话框，设立尺寸标注的样式。

9.4.4　建立 A3 图框及标题栏图块

绘制 A3 图框。定义标题栏表格格式，绘制标题栏表格，并创建标题栏图块，块的名称为“标题栏表格”，如图 9-8 所示。

图 9-8　A3 图框及标题栏

9.4.5 样板文件的保存

样板文件设置完成后，在菜单栏中选择"文件"→"另存为"命令，打开"图形另存为"对话框，单击"保存于"列表框右侧的按钮，在"文件类型"下拉列表中选择"AutoCAD 图形样板（*.dwt)"，在"文件名"下拉列表框中输入样板名称"A3 样板"，单击"保存"按钮，如图 9-9 所示，则打开图 9-10 所示的"样板选项"对话框，可以输入对该样板的说明，也可以省略不输入。单击"确定"按钮保存该文件，完成 A3 样板文件的制作。采用同样的方法可以制作 A2、A4 等其他样式的样板文件。

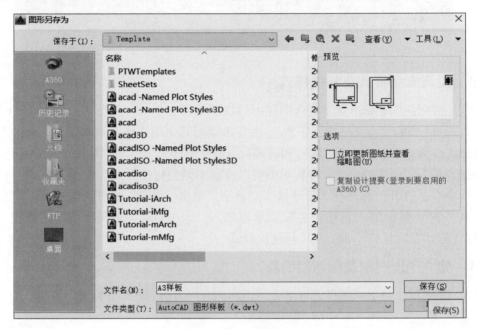

图 9-9　样板文件的保存

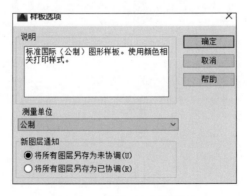

图 9-10　样板选项对话框

9.4.6 样板文件的调用

样板文件建好后，即可以调用样板文件开始绘制新图。在执行"新建"命令后，弹出"选择样板"对话框时，选择已定义的样板文件即可。

9.5 电气工程图的识图

电气工程图是一种特殊的专业技术图，要想设计电气工程图，必须先掌握电气工程图的阅读和分析方法。

9.5.1 电气工程图识图基础

熟悉掌握电气图形符号、文字符号、标注方法及其含义，熟悉电气工程图制图标准、常用画法及图样类别。

熟悉电气工程经常采用的标准图集图册、有关设计的规程规范及标准，了解设计的一般程序、内容及方法，了解电气安装工程施工及验收规范、安装工程质量验评标准及规范等。

熟练掌握电气工程中的常用电气设备，电气线路的安装方法及设置，材料（如开关柜，导线电缆，灯具等）的性能、工作原理、规格型号，了解其生产厂家和市场价格。

9.5.2 识图步骤和方法

电气工程图识图时，一般分以下三个步骤：

1. 粗读

粗读就是将施工图从头到尾大概浏览一遍，主要了解工程的概况，做到心中有数。粗读应掌握工程所包含的项目内容（如变配电、动力、照明、架空线路或电缆、电动起重机械、电梯、通信、广播、电缆电视、火灾报警、保安防盗、危机监控、自动化仪表等项目），了解电压等级、变压器容量及台数、大电机容量和电压及启动方式、系统工艺要求、输电距离、厂区负荷及单元分布、弱电设施及系统要求、主要设备材料元件的规格型号、联锁或调节功能作用、厂区平面布置、防爆防火及特殊环境的要求和措施及负荷级别、有无自备发电机组及 UPS 及其规格型号容量、土建工程要求及其他专业要求等。粗读除浏览外，主要是阅读电气总平面图、电气系统图、设备材料表和设计说明。

2. 细读

细读就是按读图程序和读图要点仔细阅读，并掌握以下内容：

①每台设备和元件安装位置及要求。

②每条管线缆走向、布置及敷设要求。

③所有线缆连接部位及接线要求。

④所有控制、调节、信号、报警工作原理及参数。

⑤系统图、平面图及关联图样标注一致，无差错。

⑥系统层次清楚，关联部位或复杂部位清楚。

⑦土建、设备、采暖、通风等其他专业分工协作明确。

3. 精读

精读就是将施工图中的关键部位及设备、贵重设备及元件、电力变压器、大型电机及机房设施、复杂控制装置的施工图重新仔细阅读，系统地掌握中心作业内容和施工图要求。

9.5.3　识图注意事项

①识图切忌粗糙，要精细。粗读只是一个识图步骤，不是识图要求，要做到粗读而不粗糙，要掌握一定的工程内容，了解工程概况。

②识图时要准备好记录，要做到边读边记。做好读图记录，一方面是帮助记忆，另一方面是便于携带，以便随时查阅。

③识图切忌毫无头绪、杂乱无章。一般应按照房号、回路、车间、某一子系统、某一子项为单位，按读图程序一一阅读。一张图读完后再读下一张，如读图中间遇到有与另外图有关联和标注说明时，应找到那张另外图，但只需读到有关联部分即可，然后返回原图继续阅读。

④识图时，对图中所有设备、元件、材料的规格、型号、数量、备注要求要准确掌握。

⑤材料的数量要按照工程预算的规则计算，图中材料的数量只是一个概算估值，不以此为准。

⑥识图时，凡是遇到涉及土建、设备、暖通、空调等其他专业的问题时，要及时翻阅对应的图样，识图后要详细记录并与其他专业人员取得联系，达成共识。

⑦识图时要尊重原设计，不得随意更改图中的任意内容。因为施工图的设计者是负有法律责任的。若图纸中确实有不妥之处，必须经有经验的第3人证实后做好笔录，在图样会审时提出；对图纸中确实有不妥之处除了经有经验的第3人证实外，还要进行核算。核算证实为错误时，要与设计者进行商榷，由设计者提出变更，若设计者不同意变更，可在会审图样时再次提出，由设计者回复。

9.5.4　识图举例

图9-11为某变配电所的主接线图。这个图属于装置式主接线，可从左到右进行识图分析。

1. 电源进线

该配电所电源由市供电部门提供，由电缆分支箱提供一路10 kV电缆进线，采用一台高压环网柜G-1进行控制，柜型HXGN-10，柜子尺寸为1 000 mm×900 mm×2 200 mm，高压柜内控制开关采用负荷开关FN11-12/630型，进线短路保护采用SFLAJ/40型熔断器保护，进线电缆采用YJV22-10-3×50穿钢管埋地进入配电室。

2. 变压器

变压器采用室内新型节能变压器S9-400KVA型，变压器容量400 kV·A，变比10/0.4，变压器绕组采用Yyn0连接。变压器单独安装在变压器室内。

3. 低压出线

变压器低压侧总控制采用编号为D-1屏，型号GGD1-08低压配电屏，屏内断路器采用万能式自动空气开关DW15-630型；该配电系统计量设在变压器低压侧，总计量屏采用编号为D-2屏，型号GGD1-J计量屏，对该企业动力用电和办公用电分开计费。从D-2屏到

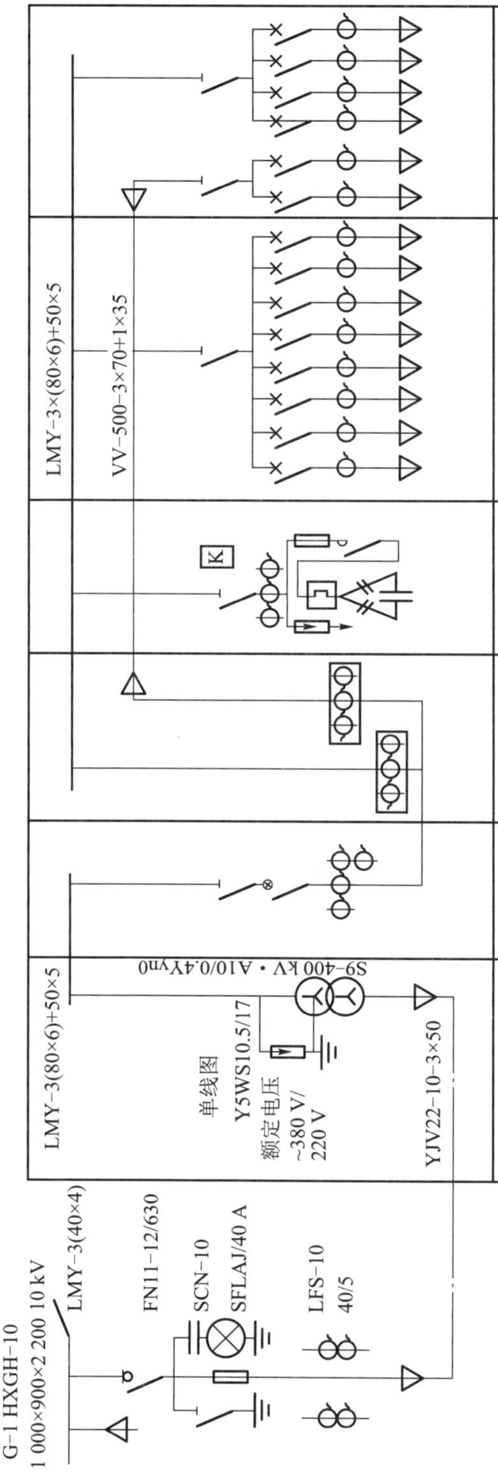

低压开关柜编号	D-1	D-2		D-3	D-4	D-5	
低压开关柜型号	GGD1-08	GGD1-J		GGJ1-01	GGD1-34G	GGD1-39G	
低压开关柜外形尺寸W×D×H	800×600×2 200	800×600×2 200		800×600×2 200	800×600×2 200	100×600×2 200	
主要设备 隔离设备 HD138X	1 000/31			400/31	1000/31	400/31	1000/31
主要设备 电流互感器 MZ1-0.66	1 000/5	用监定变化		30/5	100/5 100/5 100/5 100/5 100/5 100/5 100/5 100/5	100/5 100/5	100/5 100/5 100/5 100/5
主要设备 断路器 DW15电磁	630						
主要设备 断路器 HSM1-12SS					63 63 63 63 100 100 100 100	63 63	
主要设备 断路器 HSM1-2505							200 200 200 200
网络编号	JX						
设备容量　kW	400 kV・A			160 kvar			
计算电流　A	608						
导线型号及规格							
保护管管径及敷设方式							
回路名称	进线	动力计度	办公计度	补偿	动力回路	办公回路	动力回路

图 9-11　某变配电所主接线图

办公室回路电缆一段采用 VV-500-3×70 + 1×35 供电；该低压配电系统采用 LMY-3（80×6）+ 50×5 低压母线。低压出线由两台低压屏，编号为 D-4、D-5 屏，型号为 GGD1-39G、GGD1-34，屏内采用 HSM1-125S 型、HSM1-250S 型自动空气开关，共 14 回低压配电出线回路，每回出线负荷电流大小、导线型号规格、电流互感器变比等可详见图 9-11 中表格参数。

4. 无功功率补偿

为满足电力用电对功率因数的要求，该接线考虑低压成组补偿。采用一台 GGJ1-01 低压补偿屏，编号为 D-3，补偿容量为 160kVar。

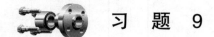 **习　题　9**

1. 简述电气工程图的分类及其特点。
2. 电气工程图的识图分为哪几个步骤？识图有哪些注意事项？

第10章
电气工程图的绘制

前面介绍了绘图软件 AutoCAD 2016 的功能，以及电气工程的制图规则，本章开始讲解电气工程图的绘制，并举例图说明。

 ## 10.1　电气工程图的绘制步骤

电气工程图的设计包括机械电气设计、电力电气工程图设计、电路图的设计、控制电气图设计、建筑电气平面图设计以及建筑电气系统图设计等。电气工程图的绘制一般采取如下步骤：

①启动 AutoCAD 程序，新建文件。

②确定绘图比例，根据纸型设置图纸界限。

③设置图形单位、图层、线型、线宽、颜色；文本样式；表格样式；标注样式。

④绘制图框和标题栏。如有合适的样板图，可以直接使用已有的图形样板，简化设置以上内容。

⑤绘制图形。先绘制视图的主要中心线及定位线，按形体分析法逐个绘制出各基本形体的视图。对于复杂的细节，可先绘制作图基准线或辅助线，再绘制大体轮廓，最后再绘制详细的细节部分。

⑥检查并修饰图形，删除不必要的辅助线。

⑦标注尺寸。

⑧标注文字。

⑨保存图形文件，打印输出。

 ## 10.2　绘制三相交流电动机的启停控制电路图

绘制如图 10-1 所示的三相交流电动机的启停控制电路图。

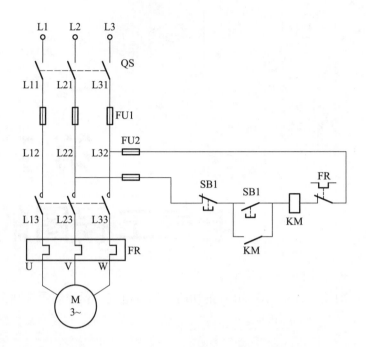

图 10-1　三相交流电动机的启停控制电路图

10.2.1　设置绘图环境

1. 新建文件

启动 AutoCAD 2016 软件，选择"文件"→"新建"命令，新建一个文件，先选择"A4 样板图 . dwt"样板文件为模板，将新文件命名为"三相交流电动机的启停控制电路图 . dwt"并保存。

2. 确定绘图比例，选择绘图图纸幅面设置图形界限

若绘制电动机正反向启动控制电路图采用 A4 纸，选择"格式"→"图形界限"命令或利用"limits"命令进行图纸边界的设置。首先开启图形界限设置"开（ON）"，然后"指定左下角点"和"指定右上角点"的坐标："0，0"和"297，210"，命令行提示如下：

```
命令:LIMITS
重新设置模型空间界限
指定左下角点或[开(ON)/关(OFF)]<0.0000,0.0000>:0,0
指定右上角点<12.0000,9.0000>:297,210
```

3. 设置图层

设置绘图层和注释层，将电路图绘制在绘图层上。

10.2.2　绘制电路图

1. 利用命令组合绘制主电路图

利用"圆""直线""矩形""圆弧"等命令组合绘制如图 10-2 所示图形，再利用"复制"命令在正交模式下绘制如图 10-3 所示图形，复制距离为 3。利用"圆""矩形""直线"命令和更改线型绘制如图 10-4 所示图形，圆心处在中间模块端点的延长线上。利用"修剪"命令剪去圆内通过圆心的直线，绘制如图 10-5 所示图形，即三相交流电动机的启停控制电路的主电路图。通过变换图层，改变精细线。

图 10-2　基础模块

图 10-3　复制后效果图

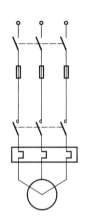

图 10-4　绘制电动机过程图

2. 利用命令组合绘制控制电路图

利用"直线""矩形""复制"命令在开启端点、延长线、中点、几何中心等捕捉模式下绘制出控制电路图，如图 10-6 所示。

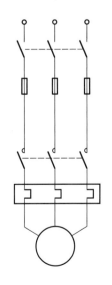

图 10-5　三相交流电动机的启停主电路图

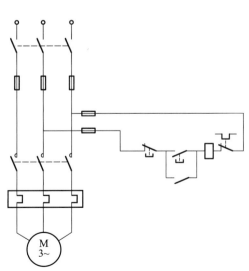

图 10-6　三相交流电动机的启停控制电路图

10.2.3 添加注释

1. 锁住图层，将注释层置前

绘图层内容如图 10-7 所示，把该图层锁住，以保证在添加注释时不会破坏电路图，并将注释层置为当前层。设置完后的效果如图 10-7 所示。

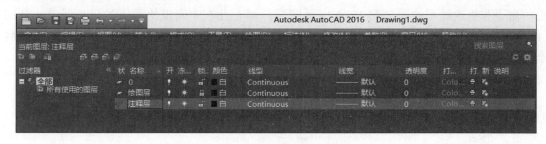

图 10-7 注释层置前效果图

2. 添加相应注释

在注释层上添加相应注释，效果如图 10-1 所示。

3. 保存文件，打印输出

保存文件名为"三相交流电动机的启停控制电路图 . dwg"，打印输出。

10.3 变电站主接线图

绘制如图 10-8 所示的变电站主接线图。绘制步骤与 10.2 节的三相交流电动机的启停控制电路图步骤基本相同。

10.3.1 设置绘图环境

1. 新建文件

启动 AutoCAD 2016 软件，选择"文件"→"新建"命令，新建一个文件，先选择"A4 样板图 . dwt"样板文件为模板，将新文件命名为"变电站主接线图 . dwt"并保存。

2. 确定绘图比例，选择绘图图纸幅面设置图形界限

若绘制电动机正反向启动控制电路图采用 A4 纸，利用"格式"→"图形界限"或"limits"命令进行图纸边界的设置。首先开启图形界限设置"开（ON）"，然后"指定左下角点"和"指定右上角点"的坐标："0，0"和"297，210"。

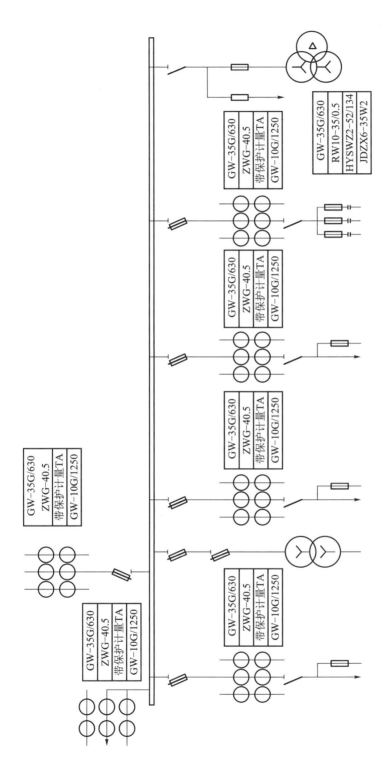

图10-8　变电站主接线图

10.3.2　绘制元件块

1. 绘制 10 kV 母线

使用"直线"命令绘制一条长直线，利用"偏移"命令在正交模式下将直线向下偏移 1.5 单位，再将这两条直线端点相连，如图 10-9 所示。

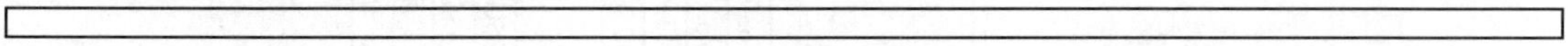

图 10-9　绘制 10 kV 母线

2. 绘制元件块

通过"直线"、"圆"和"镜像"命令绘制如图 10-10 所示图形。通过"复制"命令将图 10-10 向右边复制一个，再利用"镜像"命令将原图 10-10 以新复制的图形的中间线为镜像轴进行镜像，得到图 10-11。并创建为块，块名为"主变 1"。利用"矩形""直线"命令绘制跌落式熔断器并创建为块，块名为"跌落式熔断器"，如图 10-12 所示。再利用"矩形"、"直线"和"多段线"命令绘制开关，将它们组合为块，块名为"主变 2"，如图 10-13 所示。通过变换图层，改变粗细线。也可以通过功能区命令按钮直接改变线条粗细。

图 10-10　基本块

图 10-11　"主变 1"块

图 10-12　"跌落式熔断器"块

图 10-13　"主变 2"块

3. 插入元件块

通过组合变换上述的"主变 1"块、"跌落式熔断器"块和"主变 2"块，绘出如图 10-14 所示图形。组合变换包括"旋转""复制""修剪"和"删除"等。

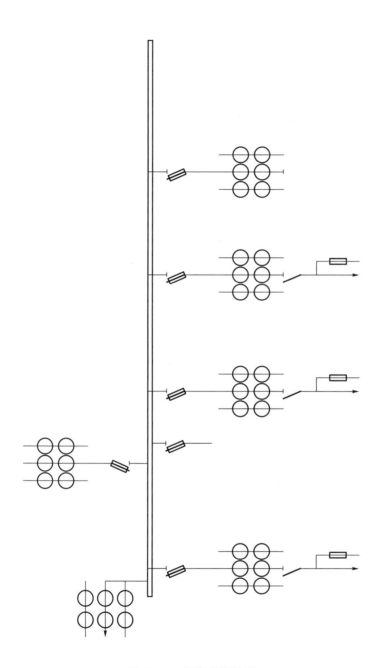

图 10-14　组合变换结果

10.3.3　绘制其他器件图形

1. 绘制电阻，阻容

通过"分解"命令分解"主变 2"块，将其下半部分的开关复制到最右的那个图，删除箭头。通过"直线"命令绘出电容，再通过"复制"和"镜像"绘出如图 10-15 所示图形。

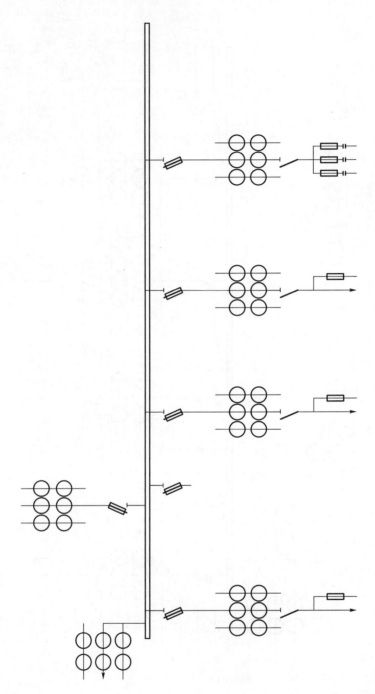

图 10-15　绘制电阻电容

2. 绘制站用变压器

利用"圆""直线"命令绘制。圆的圆心要在开关的延长线上。通过第二个"圆"命令绘制同心圆，再在同心圆上绘制 3 条两两相距 120°的直线，通过删除命令删除同心圆。最后利用"复制"命令绘出完整的站用变压器符号。最终结果如图 10-16 所示。

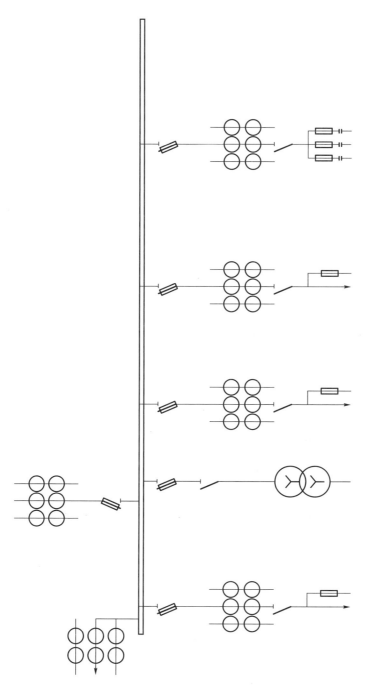

图 10-16　站用变压器

3. 绘制电压互感器和开关

先利用"直线"命令绘出开关，再利用"矩形"命令绘出电阻，最后将"站用变压器"复制过来，用"旋转"命令将两个圆内的直线更改方向，再复制同样大小的圆到合适位置，并在这个圆内利用"直线"命令画出合适图形，效果如图 10-17 所示。

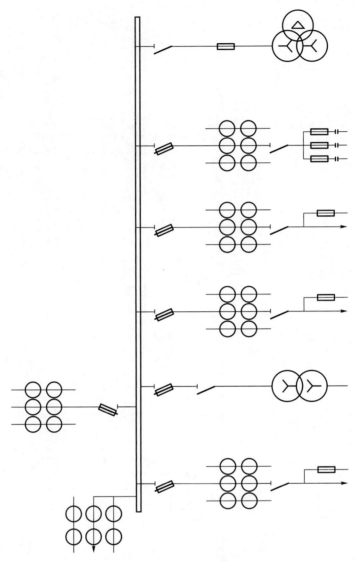

图 10-17　绘制电压互感器和开关

4. 绘制最后的矩形和箭头

箭头要用"多段线"命令绘制。命令行提示如下，效果图如图 10-18 所示。

```
命令:PLINE
指定起点:
当前线宽为 0.0000
指定下一个点或[圆弧(A)/半宽(H)/长度(L)/放弃(U)/宽度(W)]:
指定下一点或[圆弧(A)/闭合(C)/半宽(H)/长度(L)/放弃(U)/宽度(W)]:W
指定起点宽度 <0.0000>:0.5
指定端点宽度 <0.5000>:0
指定下一点或[圆弧(A)/闭合(C)/半宽(H)/长度(L)/放弃(U)/宽度(W)]:
指定下一点或[圆弧(A)/闭合(C)/半宽(H)/长度(L)/放弃(U)/宽度(W)]:* 取消*
```

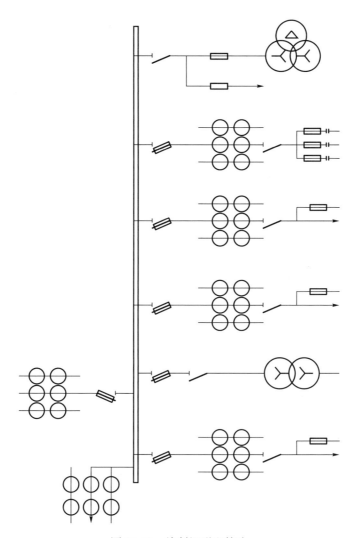

图 10-18　绘制矩形和箭头

10.3.4　添加注释文字表格

1. 绘制铭牌

绘制表格 1 铭牌 1，如图 10-19 所示。绘制表格 2 电压互感器铭牌，如图 10-20 所示。

GW-35G/630
ZWG-40.5
带保护计量TA
GW-10G/1250

GW-35G/630
RW10-35/0.5
HYSWZ2-52/134
JDZX6-35W2

图 10-19　铭牌 1　　　　图 10-20　电压互感器铭牌

2. 添加完整文字注释表格

添加注释文字表格后，最后成图效果如图 10-8 所示。

10.4　住宅配电系统图

　　绘制如图 10-21 所示的某住宅 B 单元配电系统图。绘制步骤与"变电站主接线图"的步骤基本相同。

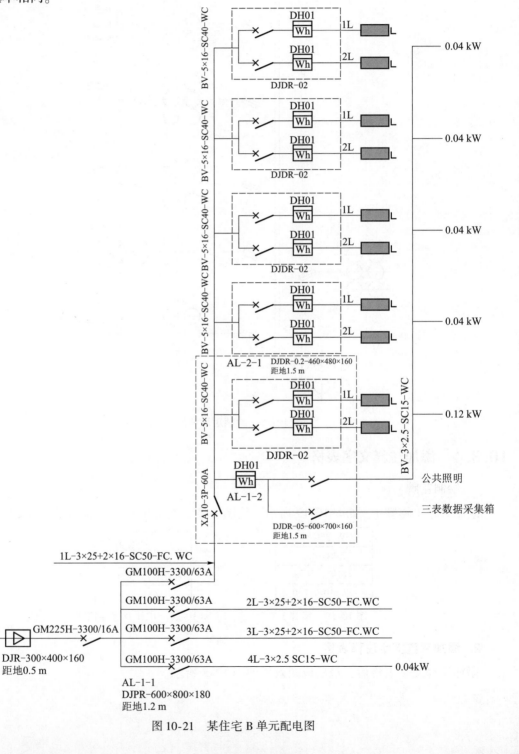

图 10-21　某住宅 B 单元配电图

10.4.1 设置绘图环境

1. 新建文件

启动 AutoCAD 2016 软件，选择"文件"→"新建"，新建一个文件，先选择"A4 样板图 . dwt"样板文件为模板，将新文件命名为"三相交流电动机的启停控制电路图 . dwt"并保存。

2. 确定绘图比例，选择绘图图纸幅面设置图形界限

若绘制电动机正反向启动控制电路图采用 A4 纸，利用"格式"→"图形界限"或"limits"命令进行图纸边界的设置。首先开启图形界限设置"开（ON）"，然后"指定左下角点"和"指定右上角点"的坐标："0，0"和"297，210"。

10.4.2 绘制单元系统配电图

1. 绘制一户的配电干线及设备图

主要使用的命令是"直线""矩形""图案填充"等，要注意的是除绘制开关外，其他元件的绘制均需在正交模式下。其中，"图案填充"的图案是 SOLID，颜色是 253。最终得到如图 10-22 所示图形。

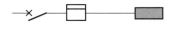

图 10-22 一户配电干线及设备图

2. 绘制 B 单元标准层配电系统图

绘制过程如下：先将设备名称和型号利用"单行文字"注释到图 10-23 上；再利用"复制"命令绘出第二户人家的配电干线及设备；然后利用"加载线型"绘出虚线框，线型为"DASHED"，全局比例可按需要更改，要让虚线明显表示出来。最后，稍加修改就得到了图 10-23 所示图形。

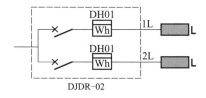

图 10-23 B 单元标准层配电系统图

3. 绘制 B 单元的配电系统图

首先对图 10-23 中的图形进行"阵列"。方法为选择"修改"→"阵列"→"矩形阵列"命令，选择为 5 行 1 列，最终效果如图 10-24 所示。在图 10-24 的基础上，利用"直线""复制""单行文字"等命令绘制出 B 单元的配电系统图。最终成果如图 10-25 所示。

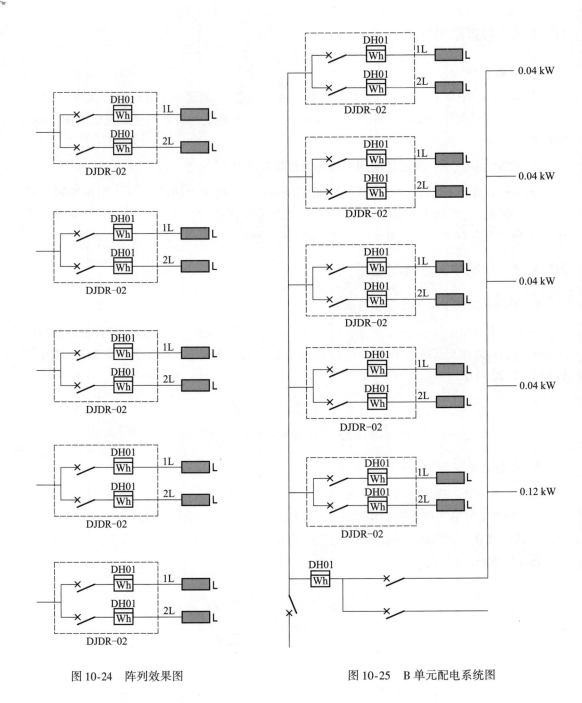

图 10-24　阵列效果图　　　　　　　　图 10-25　B 单元配电系统图

10.4.3　绘制总配电箱接线图和完整配电图

1. 绘制总配电箱接线图

利用"矩形"和"多边形"命令绘制总配电箱，低压断路器要用"复制"命令复制过来，主干线可用"直线"绘制，再在总配电箱接线图加上注释，绘出如图 10-26 所示图形。

图 10-26　总配电箱接线图

2. 添加基础注释

添加的注释内容如图 10-27 所示。

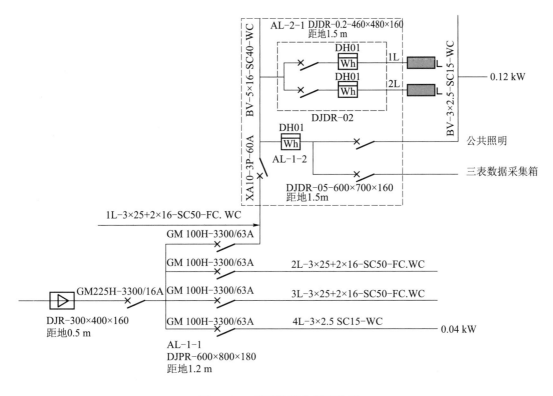

图 10-27　基础注释内容和位置

3. 复制出完整注释内容

以图 10-27 中的"BV-5×16-SC40-WC"为模板，复制到每一层的配电系统左边，完成全图的绘制如图 10-21 所示图形。

习 题 10

1. 绘制如图 10-28 所示的电冰箱电气线路图。

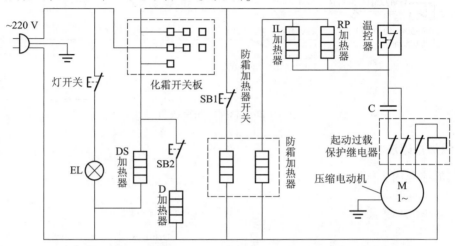

图 10-28 电冰箱电气线路图

2. 绘制如图 10-29 所示的空调电气线路图。

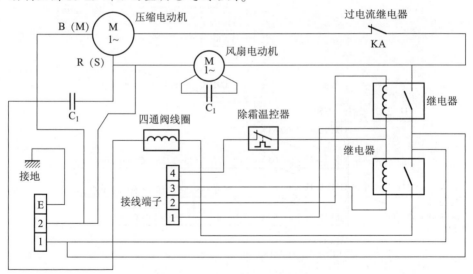

图 10-29 空调电气线路图

3. 绘制如图 10-30 所示的某变电站一次主接线图。

4. 绘制如图 10-31 所示的变电所剖面图。

5. 绘制如图 10-32 所示的办公室低压配电干线系统图。

6. 绘制如图 10-33 所示的建筑配电图。

7. 绘制如图 10-34 所示的电气平面布置图。

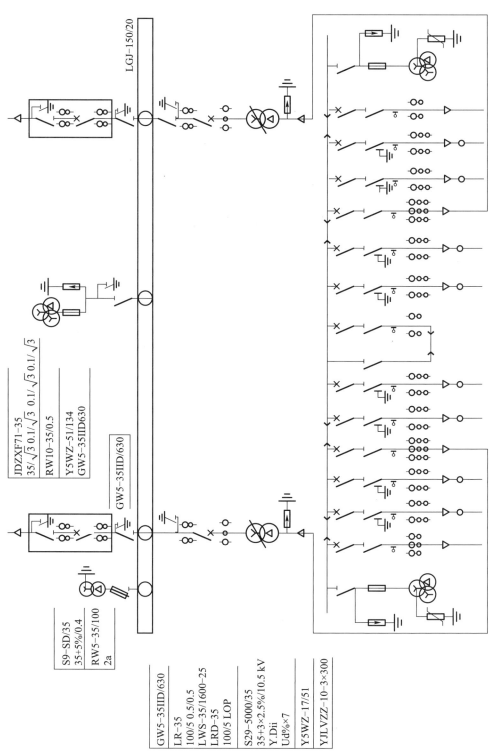

图10-30 某变电站一次主接线图

LGJ-150/20

JDZXF71-35
35/√3 0.1/√3 0.1/√3 0.1/√3
RW10-35/0.5
Y5WZ-51/134
GW5-35ⅡD630

GW5-35ⅡD/630

S9-SD/35
35+5%/0.4
RW5-35/100
2a

GW5-35ⅡD/630
LR-35
100/5 0.5/0.5
LWS-35/1600-25
LRD-35
100/5 LOP
S29-5000/35
35+3×2.5%/10.5 kV
Y.Dⅱ
Ud%×7
Y5WZ-17/51
YJLVZZ-10-3×300

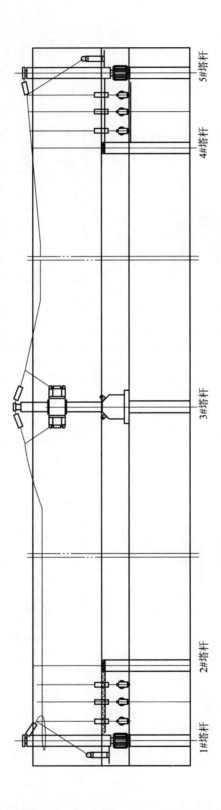

图10-31　变电所剖面图

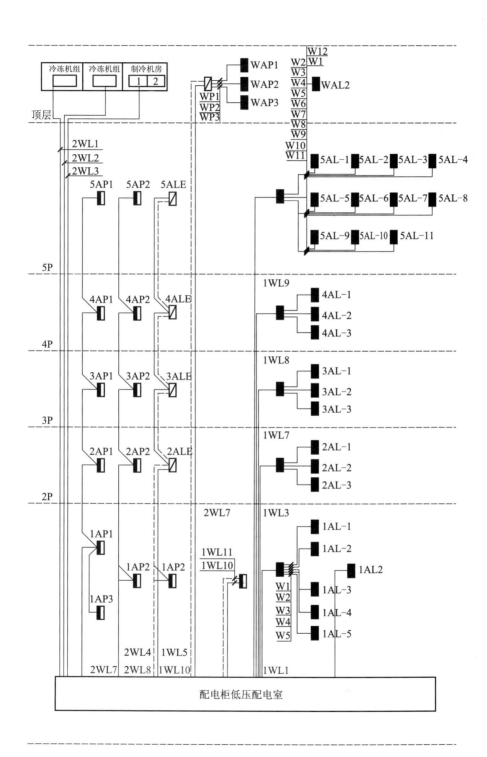

图 10-32　办公室低压配电干线系统图

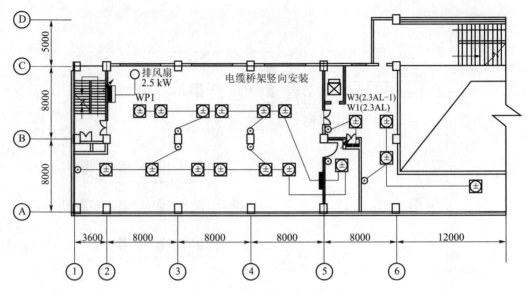

图 10-33　建筑配电图

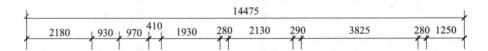

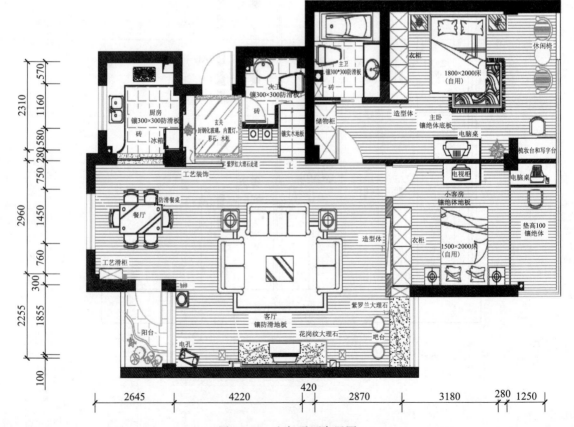

图 10-34　电气平面布置图

第11章
打印和发布图形

在 AutoCAD 中绘制图形后，可使用打印和发布功能输出图形。

 11.1　打印

打印功能可以将绘制的图形通过打印机或绘图仪输出到纸张上，放便查看、审阅和存档。

11.1.1　布局

布局代表图纸，其通常包括图纸边框、标题栏、显示模型空间的视图的一个或多个布局视口、常规注释、标签、标注、表格和明细表等。

通常，在"模型"选项卡的模型空间中创建图像对象，完成图像后，用户可以切换到"布局"选项卡或"新建布局"选项卡以创建要打印的布局。如果是首次单击"布局"选项卡，那么页面上只显示单一视口，其中的虚线表示图纸中当前配置的图纸尺寸和绘图仪的可打印区域。用户可以根据需要创建任意多个布局。布局的页面设置包括打印设备设置和其他。

11.1.2　绘图仪管理器

绘图仪器管理器是一个窗口，在该窗口中列出了用户安装的所有非系统打印机的绘图仪配置（PC3）文件。绘图仪配置指定端口信息、光栅图形和矢量图形的质量、图纸尺寸以及取决于绘图仪类型的自定义特性。绘图仪管理器提供了一个实用的"添加绘图仪"向导，使用该向导可以很轻松地创建新绘图仪配置。如果希望使用的默认打印特性不同于 Windows 操作系统所使用的打印特性，也可以为 Windows 操作系统打印机创建绘图仪配置文件。

1. 执行方法

◇　快速访问工具栏：AutoCAD→"打印"→"管理绘图仪"。
◇　菜单栏："文件"→"绘图仪管理器"。
◇　功能区："输出"→"打印"→"绘图仪管理器"。

2. 操作步骤

依照上述步骤，打开如图 11-1 所示的 Plotters 窗口。利用该 Plotters 窗口，可以添加或编辑绘图仪配置。

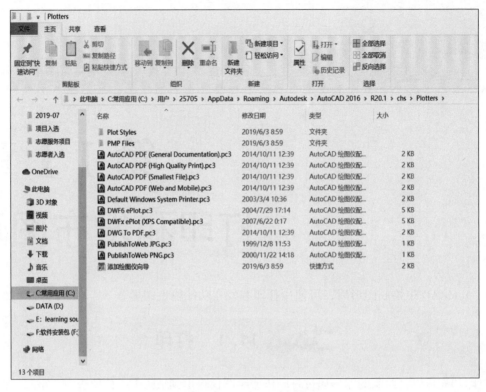

图 11-1　Plotters 窗口

如果要添加新的绘图仪配置，可以双击"添加绘图仪向导"快捷方式图标，系统弹出如图 11-2 所示的"添加绘图仪 – 简介"对话框，接着单击"下一步"按钮，则"添加绘图仪"对话框显示"开始"页，如图 11-3 所示。按照向导提示设置相关的内容，完成一页设置后单击"下一步"按钮继续下一页设置，直到完成所有设置为止，然后单击出现的"完成"按钮。

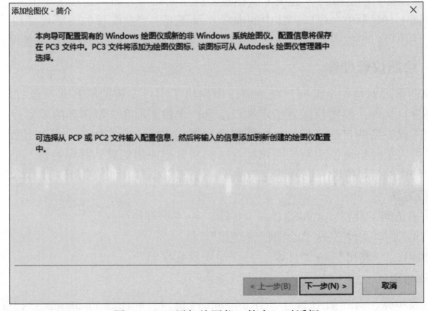

图 11-2　"添加绘图仪 – 简介"对话框

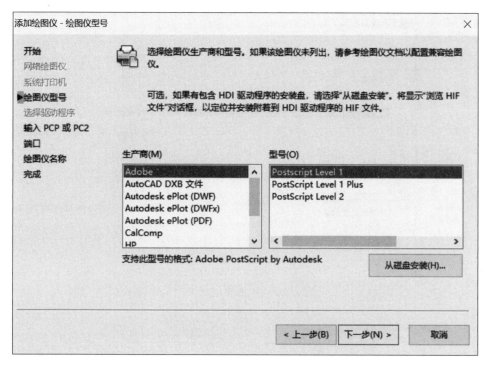

图 11-3　　"添加绘图仪 – 绘图仪型号"对话框

11.1.3　页面设置管理器

页面设置是打印设备和其他影响最终输出的外观和格式的设置的集合。在创建布局时，需要指定绘图仪和相关设置（例如图纸页面尺寸和方向等），这些设置都将作为页面设置保存在图形中。在每个布局中，可以与不同的页面设置相关联。

使用"页面设置管理器"，用户可以很方便地控制布局和模型空间中的页面设置。用户如果在创建布局时未在"页面设置"对话框中指定所有设置，那么可以在打印之前再设置页面，或者在打印时替换页面设置。

1. 执行方法

◇　快速访问工具栏：AutoCAD→"打印"→"页面设置"。
◇　菜单栏："文件"→"页面设置管理器"。
◇　功能区："输出"→"打印"→"页面设置管理器"。
◇　命令行：pagesetup。

2. 操作说明

依照上述步骤，AutoCAD 会自动打开如图 11-4 所示的"页面设置管理器"对话框。

页面设置管理器可以为当前布局或图纸指定页面设置，也可以创建、命名页面设置，修改现有页面设置，或从其他图纸中输入页面设置。

"新建"：单击该按钮，显示"新建页面设置"对话框，从中可以为新建页面设置输入名称，并指定要使用的基础页面设置，如图 11-5 所示。

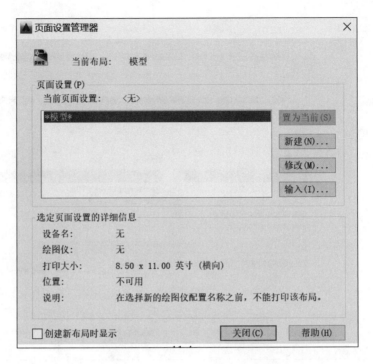

图 11-4　"页面设置管理器"对话框

"基础样式"：指定新建页面设置要使用的基础页面设置。

"无"：指定不使用任何基础页面设置。

"默认输出设备"：指定将菜单"工具"→"选项"→"打印和发布"选项卡中指定的默认输出设备设置为新建页面设置的打印机。

"模型"：指定新建页面设置使用上一个打印作业中指定的设置。单击"确定"按钮后出现如图 11-6 所示的"打印 – 模型"对话框。

"打印 – 模型"对话框中主要选项的含义如下：

① "图纸尺寸"：在"图纸尺寸"下拉列表中显示所选打印设备可用的标准图纸尺寸，例如：

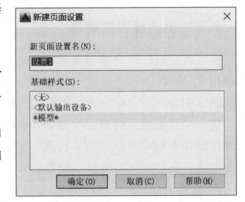

图 11-5　"新建页面设置"对话框

A4、A3、A2、A1、B5、B4 等，如图 11-7 所示。如果未选择绘图仪，将显示全部标准图纸尺寸的列表以供选择。如果所选绘图仪不支持布局中选择的图纸尺寸，将显示警告。用户可以选择绘图仪的默认图纸尺寸或自定义图纸尺寸。

如果打印的是光栅图像（如 BMP 或 TIFF 文件），打印区域大小的指定将以像素为单位而不是英寸或毫米。

② "打印区域"：指定要打印的图形区域。在"打印范围"下拉列表框中，可以选择需打印的图形区域。

"窗口"：通过指定要打印区域的两个角点，确定打印的图形区域。

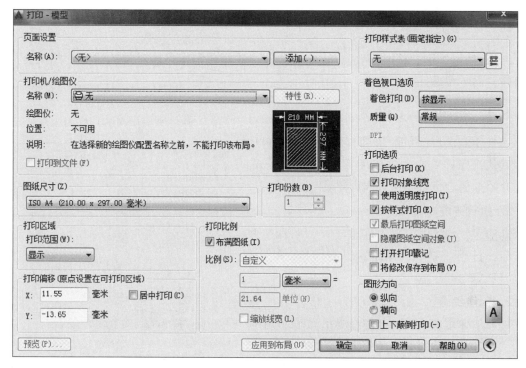

图 11-6　页面设置

"范围"：当前空间内的所有几何图形都将被打印。打印之前，可能会重新生成图形以重新计算范围。

"图形界限"：以布局空间打印时，打印指定图纸尺寸的可打印区域内的所有内容，其原点从布局中的（0，0）点计算得出。从模型空间打印时，将打印栅格界限定义的整个图形区域。

"显示"：打印当前视口中的视图或布局选项卡上当前图纸空间视图中的视图。

③"打印偏移"：指定打印区域相对于可打印区域左下角或图纸边界的偏移。图纸的可打印区域由所选输出设备决定，在布局中以虚线表示。修改为其他输出格式时，可能会修改可打印区域。通过在"X 偏移"和"Y 偏移"文本框中输入正值或负值，可以偏移图纸上的几何图形。"居中打印"则自动计算"X 偏移"和"Y 偏移"值，在图纸上居中打印。当打印区域设置为布局时，此选项不可用。

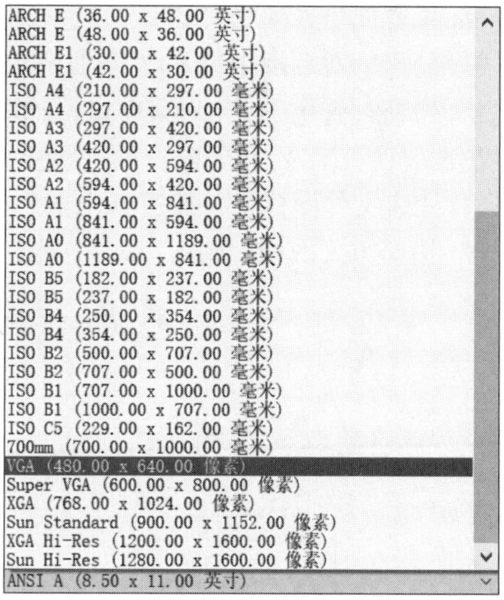

图 11-7　图形尺寸列表

④"打印比例"：控制图形单位与打印单位之间的相对尺寸。打印布局时，默认缩放比例设置为 1∶1，从模型选项卡打印时，默认设置为"布满图纸"。

"布满图纸"：缩放打印图形以布满所选图纸尺寸。

"比例"：定义打印的精确比例。

"英寸/毫米"：指定与指定的单位数等价的英寸数或毫米数。

"单位"：指定与指定的英寸数、毫米数或像素数等价的单位数。

"缩放线宽"：与打印比例成正比缩放线宽。线宽通常指打印对象的线宽，并按线宽尺寸打印，而不考虑打印比例。

11.1.4　打印样式表设置

通常在完成打印机配置和打印布局后，可以使用默认打印样式，也可以使用其他打印样式。下面介绍如何进行打印样式表设置。

1. 执行方法

功能区："输出"→"打印"→"打印"扩展按钮，打开"选项"对话框→"打印和发布"→"打印样式表设置"。

2. 操作步骤

按照上述步骤执行，系统会弹出如图 11-8 所示的"打印样式表设置"对话框，从中指定打印样式表的设置，包括指定新图形的默认打印样式和当前打印样式表设置等。

如果要创建或编辑打印样式表，则在"打印样式表设置"对话框中单击"添加或编辑打印样

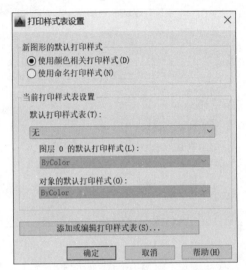

图 11-8　"打印样式表设置"对话框

式表"按钮，弹出 Plot Styles 窗口，如图 11-9 所示。Plot Styles 窗口保存了若干个命名打印样式表文件（STB）和颜色相关打印样式表文件（CTB）。用户可以根据需要双击其中一个打印样式表文件图标，并通过弹出的对话框对其进行修改操作。若双击"添加打印样式表向导"快捷方式图标，则可以通过向导方式一步步地创建新打印样式表。

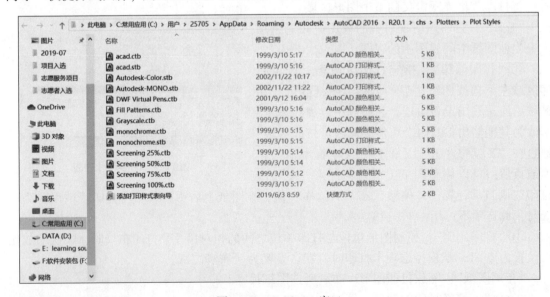

图 11-9　Plot Styles 窗口

11.1.5　打印戳记

打印戳记是添加到打印中的一行文字，为打印指定打印戳记信息。

1. 执行方法

◇　功能区："输出"→"打印"→"打印"扩展按钮，打开"选项"对话框→"打印和发布"→"打印戳记设置"。

◇　命令行：PLOTSTAMP

2. 操作步骤

依照上述步骤执行后，就会打开如图 11-10 所示的"打印戳记"对话框。利用该对话框可以将定制的打印戳记信息（包括图形名称、布局名称、日期和时间、设备名称、图形尺寸和打印比例等）添加到任意设备的图形中。用户可以选择将打印戳记信息记录到日志文件中而不打印它，或既记录又打印。

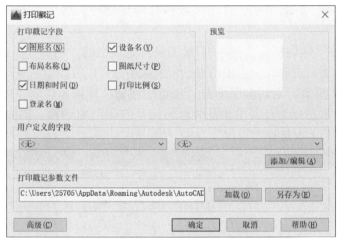

图 11-10　"打印戳记"对话框

在"打印戳记"对话框中单击"添加/编辑"按钮，可以添加、编辑或删除用户定义的字段；单击"高级"按钮，则打开如图 11-11 所示的"高级选项"对话框，可以从中设置打印戳记的位置和偏移、文字特性、单位，以及指定是否创建日志文件及其位置。

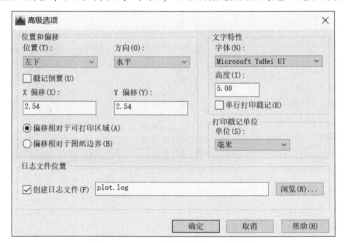

图 11-11　"高级选项"对话框

11.1.6 打印图形

定义好布局、页面设置、打印机设备等以后，可以将图形打印到绘图仪、打印机或文件。

1. 执行方法

◇ 快速访问工具栏：AutoCAD→"打印"。
◇ 菜单栏："文件"→"打印"。
◇ 功能区："输出"→"打印"。

2. 操作步骤

执行后，AutoCAD 会弹出图 11-12 所示的"打印-模型"对话框，从中指定页面设置、打印机/绘图仪设备、图纸尺寸、打印区域和打印比例等，然后单击"确定"按钮完成打印。

在"打印-模型"对话框的"打印机/绘图仪"选项组的"名称"下拉列表框中列出了可用的 PC3 文件或系统打印机，由用户根据情况从中选择以打印当前布局。

如果在"打印-模型"对话框中单击"预览"按钮，则按照启动"PREVIEW"命令打印时的显示方式显示图形。要退出预览并返回到"打印"对话框，则按【Esc】键，或者右击鼠标并从快捷菜单上选择"退出"命令。

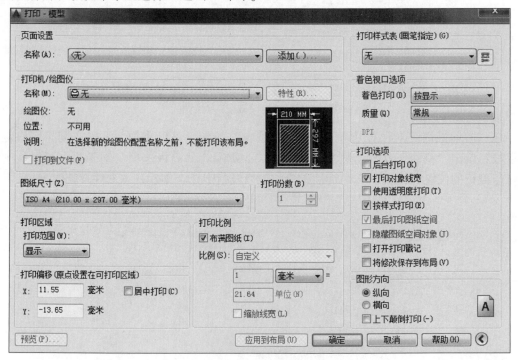

图 11-12 "打印-模型"对话框

3. 操作说明

需要用户注意的是，既可以在"模型"选项卡中实施打印，也可以在"布局"选项卡中实施打印。如果在"布局"选项卡中实施打印，那么打印范围默认为"布局"，即表示打印布局。

如果是在模型空间中打印（即打印选定的"模型"选项卡当前视口中的视图），则其打印范围默认为"显示"，此时可以从"打印-模型"对话框的"打印范围"下拉列表框中选择打印范围选项如下：

"窗口"：选择该选项后，将出现一个"窗口"按钮，单击此按钮可使用鼠标指定要打印区域的两个角点，或输入坐标值。

"范围"：打印包含对象的图形的部分当前空间，当前空间内的所有几何图形都将被打印。

"图形界限"：专门针对从"模型"选项卡打印，将打印栅格界限定义的整个绘图区域。

"视图"：打印以前使用"VIEW"命令保存的视图，可从列表中选择命名视图，如果图形中没有已保存的视图，则此选项不可用。

 示例11.1：打印洗衣机电气线路图。

步骤：

①如图 11-13 所示，本例选取的是洗衣机电气线路图。

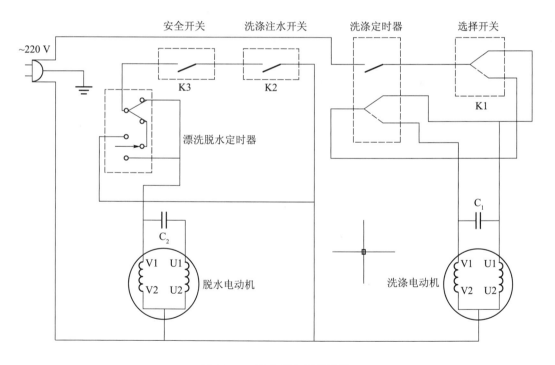

图 11-13 洗衣机电气线路图

②默认状态下，图形处于模型空间中。在功能区"输出"选项卡的"打印"面板中单击"打印"按钮，系统弹出图 11-14 所示的"打印-模型"对话框。

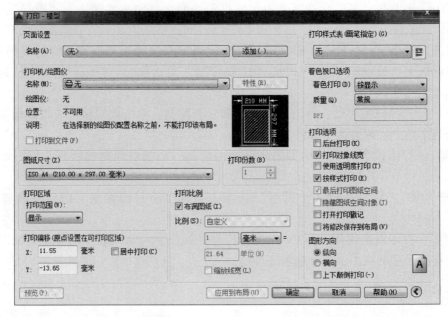

图 11-14   "打印-模型"对话框

③选择合适的打印机，并指定图纸尺寸为"ISO Full bleed A4（210.00 × 297.00 毫米）"，接着在"打印区域"选项组的"打印范围"下拉列表框中选择"窗口"选项，如图 11-15 所示。在模型空间中分别指定图 11-16 所示的角点 1 和角点 2 以定义打印窗口。

④在"打印偏移"选项组中勾选"居中打印"复选框，在"打印比例"选项组中勾选"布满图纸"复选框，在"打印选项"中勾选"打开打印戳记"复选框，并在"图形方向"中选择"横向"单选按钮，如图 11-17 所示。

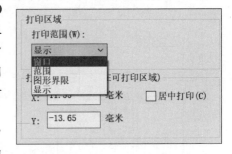

图 11-15   更改打印范围选项

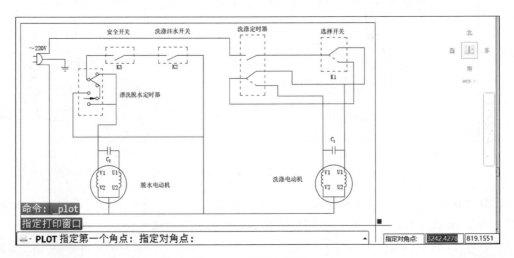

图 11-16   指定打印窗口

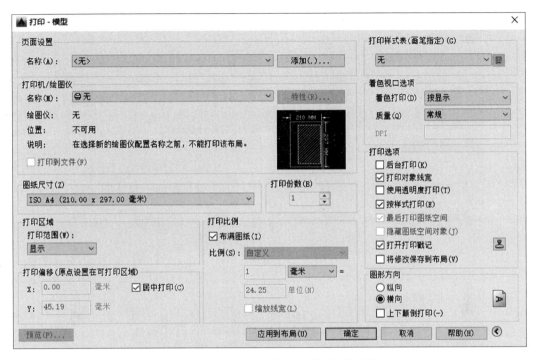

图 11-17 对 "打印 – 模型" 对话框进行设置

⑤从 "打印样式表" 下拉列表框中选择 "DWF Virtual Pens. ctb" 为当前打印样式表，如图 11-18 所示，并将其指定给所有布局。

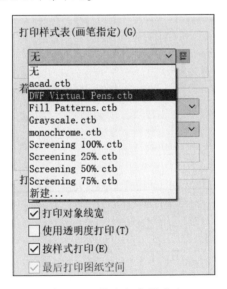

图 11-18 指定打印样式表

⑥在 "打印选项" 选项组中单击 "打印戳记设置" 按钮，弹出 "打印戳记" 对话框，在 "用户定义的字段" 选项组中单击 "添加/编辑" 按钮以打开 "用户定义的字段" 对话框，单击 "添加" 按钮以添加用户定义的字段 1，将该字段 1 输入为 "电气 CAD2016"，如图 11-19 所示。

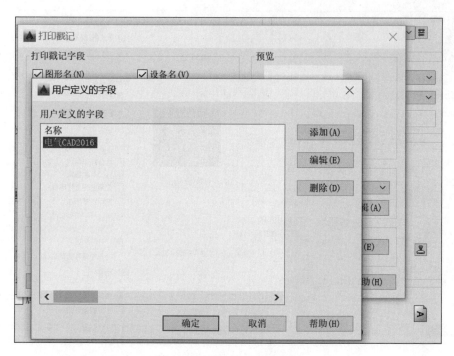

图 11-19　用户定义的字段 1

⑦在"打印戳记"对话框中单击"高级"按钮，弹出"高级选项"对话框，对其进行如图 11-20 所示的高级设置，单击"确定"按钮，返回"打印戳记"对话框。

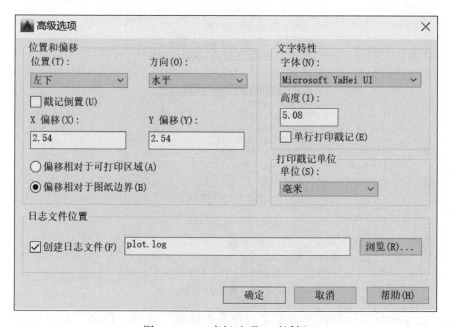

图 11-20　"高级选项"对话框

⑧在"打印戳记"对话框的"打印戳记字段"对话框中取消勾选的全部复选框，并从"用户定义的字段"选项组的一个下拉列表框中选择字段 1，如图 11-21 所示，单击"确

定"按钮,返回到"打印-模型"对话框。

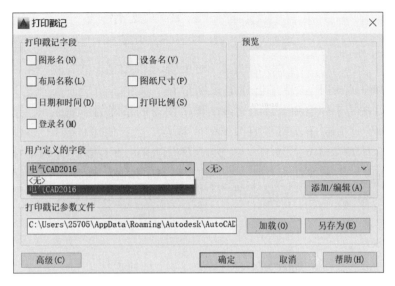

图 11-21　在"打印戳记"对话框中设置字段

⑨在"打印-模型"对话框中单击"预览"按钮,预览效果如图 11-22 所示。

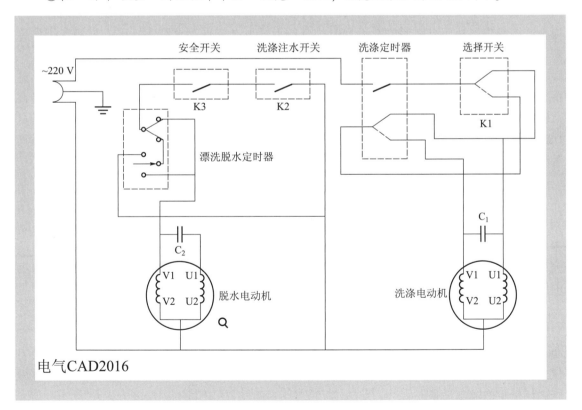

图 11-22　预览效果

⑩在预览窗口的工具栏中单击"打印"按钮,进行图形打印。

11.2　发布

在 AutoCAD 2016 中，电子图形集是打印的图形集的数字形式，用户可以通过将图形发布为 DWF、DWFx 或 PDF 文件来创建电子图形集。其中，将电子图形集发布为 DWF 或 PDFx文件，可以在易于分发和查看的文件中提供图形的精确的压缩表示，从而节省时间并提高效率，这种处理方法还保留了原图形的完整性。之后便可以使用 Autodesk Design Review 查看或打印 DWF 和 DWFx 文件，以及可以使用 PDF 查看器查看 PDF 文件。通常在设计流程的最后阶段发布要查看的图形，这是建议设计工作者要养成的一个良好操作习惯。

下面介绍如何将图形发布为电子图形集（DWF、DWFx 或 PDF 文件），或者将图形发布到绘图仪。

1. 执行方法

◇　快速访问工具栏：AutoCAD→"打印"→"批处理打印"。

◇　功能区："输出"→"打印"→"批处理打印"。

2. 操作说明

完成上述步骤后，会弹出图 11-23 所示的"发布"对话框。使用"发布"对话框，可以合并图形，从而以图形集说明 DSD 文件的形式发布和保存该列表；可以为特定用户自定义该图形集合，并且可以随着工程或设计项目的进展添加和删除图样。

在"发布"对话框中创建图样列表后，可以将图形发布至这些任意目标：每个图样页面设置中的指定绘图仪（包括要打印至文件的图形）、单个多页 DWF 或 DWFx 文件（包含二维和三维内容）、单个多页 PDF 文件（包含二维内容）、包含二维和三维内容的多个单页 DWF 或 DWFx 文件、多个单页 PDF 文件（包含二维内容）。对于保存的图形集，可以将其替换或添加到现有列表中进行发布。

"发布"对话框中各主要组成要素的功能含义如下：

"图纸列表"：该下拉列表框显示当前图形集（DSD，DSD 文件用于说明这些图形文件列表以及其中的选定布局列表）或批处理打印（BP3）文件，注意 BP3 文件在 AutoCAD LT 中不可用。在该下拉列表框右侧提供了两个按钮，即"加载图形列表"按钮和"保存图形列表"按钮，前者用于加载所需的 DSD 文件或 BP3（批处理打印）文件；后者则用于将当前图样列表保存为 DSD 文件。

"发布为"：该下拉列表框用于定义发布图样列表的方式，其中可供选择的选项有"DWF""DWFx""PDF"和"页面设置中指定的绘图仪"。通过该下拉列表框可以定义发布为多页 DWF、DWFx 或 PDF 文件（电子图形集），也可以发布到页面设置中指定的绘图仪（图纸图形集成打印文件集）。"页面设置中指定的绘图仪"表明将使用页面设置中为每张图样指定的输出设备。

"自动加载所有打开的图形"：勾选此复选框时，所有打开文件（布局或模型空间）的内容将自动加载到发布列表中。未勾选此复选框时，则仅将当前文档的内容加载到发布列表中。

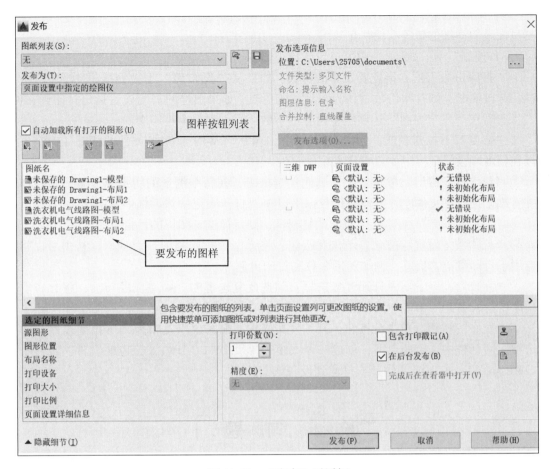

图 11-23 "发布"对话框

图样按钮列表选项组提供以下 5 个图样按钮：

① "添加图样"按钮：单击此按钮，弹出"选择图形"对话框（标准文件选择对话框），从中选择要添加到图形列表的图形，AutoCAD 将从这些图样文件中提取布局名，并在图样列表中为每个布局和模型添加一张图样。

② "删除图样"按钮：用于从图样列表中删除选定的图样。

③ "上移图样"按钮：用于将列表中选定图样上移一个位置。

④ "下移图样"按钮：用于将列表中选定图样下移一个位置。

⑤ "预览"按钮：按执行"PREVIEW"命令时在图样上打印的方式显示图形，按【Esc】键可以退出打印预览并返回至"发布"对话框。

要发布的图样选项组包含要发布的图样的列表。在该区域中单击选定图样的页面设置列表可更改该图样的设置，"状态"列表用于将图样加载图样列表时显示图样状态。使用快捷菜单可以添加图样或对列表进行其他更改。

"发布选项信息"：在该选项组中显示了发布选项信息，如果单击"发布选项"按钮，则弹出"DWF 发布选项"对话框，从中可以指定用于发布的选项，包括默认输出位置（打印到文件）、常规 DWF/PDF 选项（类型、命名、名称、图层信息、合并控制）和 DWF 数据选项。

　　"选定的图纸细节"：在该选项组中显示选定页面设置的打印设备、打印大小、打印比例和页面设置详细信息等有关信息。

　　"发布控制"：在该选项组中可以设置以下内容。

　　① "打印份数"框：指定要发布的份数。如果从"发布为"下拉列表框中选择 DWF、DWFx 或 PDF 时，则打印份数默认为 1 且不能更改。如果图样的页面设置指定打印到文件，那么将忽略在"发布控制"选项组中设置的份数，只创建单个打印文件。

　　② "精度"下拉列表框：为指定领域优化 DWF、DWFx 和 PDF 文件的精度（DPI），也可以在精度预设管理器中配置自定义精度预设。

　　③ "包含打印戳记"复选框：勾选此复选框时，在每个图形的指定角放置一个打印戳记并将戳记记录在文件中，打印戳记数据可以在"打印戳记"对话框中设定。

　　④ "在后台发布"复选框：勾选此复选框，则切换选定图样的后台发布。

　　⑤ "打印戳记设置"按钮：单击此按钮，将弹出"打印戳记"对话框，从中可以指定要应用于打印戳记的信息，例如图形名称和打印比例等。

　　⑥ "完成后在查看器中打开"复选框：勾选此复选框时，则完成发布后，将在查看器用程序中打开 DWF、DWFx 或 PDF 文件。

　　⑦ "发布"按钮：单击此按钮，开始发布操作，根据在"发布为"下拉列表框和"发布选项"对话框中选定的选项，创建一个或多个单页 DWF、DWFx 或 PDF 文件，或一个多页 DWF、DWFx 或 PDF 文件，或打印到设备或文件。

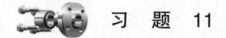 习　题　11

1. 如何设置打印环境？
2. 如何将图形发布为 Web 页？

参 考 文 献

[1] 王辉,李诗洋. AutoCAD 2016 电气设计从入门到精通[M]. 2 版. 北京:电子工业出版社,2016.

[2] 李轲,常亮. 经典实例学设计 AutoCAD 2016 从入门到精通[M]. 北京:机械工业出版社,2015.

[3] CAD/CAM/CAE 技术联盟. AutoCAD 2016 中文版从入门到精通:标准版[M]. 北京:清华大学出版社,2017.

[4] CAD/CAM/CAE 技术联盟. AutoCAD 2016 中文版从入门到精通:实例版[M]. 北京:清华大学出版社,2017.

[5] 匡成宝,陈贻品. 中文版 AutoCAD 2017 从入门到精通[M]. 北京:中国铁道出版社,2017.

[6] 程光远. AutoCAD 绘图实用速查通典[M]. 北京:电子工业出版社,2011.

[7] 刘国亭,刘增良. 电气工程 CAD[M]. 北京:中国水利水电出版社,2009.

[8] 李津,贾雪艳. AutoCAD 2016 电气设计案例教程[M]. 北京:人民邮电出版社,2016.

[9] 博创设计坊. AutoCAD 2016 辅助设计从入门到精通[M]. 2 版. 北京:机械工业出版社,2015.

[10] 尹媛,高璐静. AutoCAD 2016 完全自学一本通[M]. 北京:电子工业出版社,2016.

[11] 陈超,陈玲芳,姜姣兰. AutoCAD 2019 中文版从入门到精通[M]. 北京:人民邮电出版社,2019.

[12] CAD/CAM/CAE 技术联盟. AutoCAD 2018 中文版从入门到精通:标准版[M]. 北京:清华大学出版社,2018.

[13] 孙小捞,杨德芹. 中文版 AutoCAD 2007 基础教程[M]. 北京:化学工业出版社,2007.

[14] 姜勇,郭英文. AutoCAD 2007 中文版建筑制图基础培训教程[M]. 北京:人民邮电出版社,2007.

[15] 姜勇,郭英文. AutoCAD 2010 中文版机械制图基础培训教程[M]. 北京:人民邮电出版社,2010.

[16] 史丰荣,孙岩志,徐宗刚. AutoCAD 2018 中文版电气设计完全自学一本通[M]. 北京:电子工业出版社,2018.

[17] CAD/CAM/CAE 技术联盟. AutoCAD 2014 中文版电气设计从入门到精通[M]. 北京:清华大学出版社,2014.

[18] 天工在线. AutoCAD 2019 从入门到精通[M]. 北京:中国水利水电出版社,2019.